灾难往往突然而至，应对灾难是需要知识的。

掌握了必要的避险和自救知识，或许可以在巨大的灾难面前给自己以及他人打开一扇生命之窗。

♠ 公民常识读本 ♠

公民避险
自救常识

叁壹 编著

陕西新华出版

太白文艺出版社·西安

图书在版编目（CIP）数据

公民避险自救常识 / 叁壹编著. -- 西安：太白文艺出版社，2011.9（2024.5重印）
（公民常识读本）
ISBN 978-7-5513-0055-1

Ⅰ. ①公… Ⅱ. ①叁… Ⅲ. ①灾害防治－基本知识②自救互救－基本知识 Ⅳ. ①X4②R459.7

中国版本图书馆CIP数据核字(2011)第188528号

公民避险自救常识
GONGMIN BIXIAN ZIJIU CHANGSHI

编　著　叁　壹
责任编辑　王大伟　荆红娟　张　笛
封面设计　梁　宇
版式设计　刘兴福
出版发行　太白文艺出版社
经　　销　新华书店
印　　刷　三河市嵩川印刷有限公司
开　　本　700mm×960mm　1/16
字　　数　200千字
印　　张　8
版　　次　2011年9月第1版
印　　次　2024年5月第9次印刷
书　　号　ISBN 978-7-5513-0055-1
定　　价　32.80元

前　言

　　我们生活在集体之中，其中有工作的单位，有交往的圈子，还有居住的社区等，每个集体都影响着我们的生活。在这些集体中，社区是一个极为重要的组成部分，无论是城市的居住小区，还是农村的村民社区，都是大家休息、娱乐、交往的重要场所，在社区中有家人的亲情，有邻里的和睦，有大家的娱乐，还有共建美好社区的愿望。

　　在社区中，每天都会发生很多让人喜怒哀乐的事情，需要大家保护自己、关爱他人、和睦相处，因此，就需要秩序。这个秩序包括遵守国家的法律、法规，尊重他人的人格、尊严，保护自己的合法权益等。面对社区出现的种种需求与问题，每个人都应该具备一定的知识和理念，大家才能和睦相处，共建美好社区。也正是基于这种考虑，我们编辑出版了这套《公民常识读本》，意在帮助大家树立正确的观念，养成好的习惯，用合理的方法解决矛盾，用正确的办法躲避危险。

　　《公民法律常识实用指南》是一本法律常识读本，介绍了婚姻家庭、人身权利、财产继承及财产纠纷、消费者维权、劳动人事、物权房产、医疗交通事故、合同纠纷等十几个方面的内容，这些都是与我们的生活密切相关的法律知识，尤其是近些年的婚姻、房产、劳动合同等热门话题，均有事例讲解，让读者能从中受到启发，并找到解决问题的办法。

　　《新时代公民道德建设实施纲要》是中国公民道德建设的纲领性文件，于 2019 年颁布。《纲要》指出："要以习近平新时代中国特色社会主义思想为指导，紧紧围绕进行伟大斗争、建设伟大工程、推进伟大事业、实现伟大梦想，着眼构筑中国精神、中国价值、中国力量，促进全体人民在理想信念、价值观念、道德观念上紧密团结在一起，在全民族牢固树立中国特色社会主义共同理想，在全社会大力弘扬社会主义核心价值观，积极倡导富强民主文明和谐、自由平等公正法治、爱国敬业诚信友善，全面推进社会公德、职业道德、家庭美德、个人品德建设，持续强化教育引导、实践养成、制度保障，不断提升公民道德素质，促进人的全面发展，培养和造就担当民族复兴大任的时代新人。"我们的社区建设同样需要这样的指导。《公民道德建设常识》一书通过爱国守法、明礼诚信、团结友善、勤俭自强、敬业奉献、家庭美德等六个方面，用事例、名人故事的形式进行阐述，帮助大家更好地理解《纲要》的精神内涵。

灾难是我们不希望看到的，但是也常常难以避免，因此，学会防灾、避险、保护自己就显得非常重要。《公民避险自救常识》侧重于对躲避重大灾害、灾难的讲述，主要包括急救、火灾、家庭意外、地震、台风等方面，同时提供了灾难后心理援助的内容，实用且易懂。

《社区安全常识实用指南》一书侧重讲述了社区的居民健康防护、水电气安全、交通出行安全、防盗骗抢以及社区健身器械安全使用、社区急救常识。

说到健康，现在的人们是越来越重视了，无论是中年人，还是老年人，抑或是青年人，都越来越关注自己的健康了。《社区体育锻炼常识》从实用的角度为社区居民提供健身常识，其中包括对现代运动理念的阐释、适合各类人群的运动健身法、小区健身器材使用方法及注意事项、传统健身运动等，这些方法都简单实用，非常适合社区健身使用。

社区是我们美好生活的港湾，因此，希望这套书中的内容可以帮助大家，共同建设和谐家园，共同推进美好生活，共同成为道德建设的贡献者。

目　　录

1

第一章　急救常识

第一节　急救的程序

急救是指在短时间内,对威胁人类生命安全的意外灾伤和疾病所采取的一种紧急救护措施。

急救的要点是保持镇静、准确判断(伤害性质、程度及生命体征),迅速救护(自救与互救),并尽快与医院联系(拨打 120 急救电话),同时为送院治疗做好准备。急救的一般程序及方法是:

1. 判断生命体征

判断意识、心跳(心率、心律)、呼吸、血压、瞳孔等生命体征。大声呼唤病人,同时手拍或指掐病人眉骨(眼眶上缘),观察病人有无意识反应;翻开眼睑,查看病人瞳孔是否扩大;手按颈侧锁骨乳突肌处颈动脉或手腕内侧横纹桡侧处桡动脉,判断病人有无脉率(心率);将手掌面或面颊部贴近病人口鼻处,判断是否有呼吸;有可能和有必要时还要测量病人的血压。

2. 现场急救

抢救生命:立即施行心肺复苏(人工呼吸和心脏按压),并针刺人中、合谷等穴位;

基础救护:止血、包扎、固定、取合适体位等;

紧急呼救:拨打 120 急救电话,简明扼要报告病情、病因、时间、地点、人数等要素和迎接救护车的详细地点,同时做好相应送院准备。

第二节　急救的基本技能

一、止血术

1. 压迫止血法(指压法)

在出血部位的上方(近心脏端),在动脉行走中最易压住的部位(压迫点),用拇指或其余四指把该动脉管压迫在邻近的骨面上,以阻断血液来源而达到止血的效果,是最迅速的一种临时止血法,一般认为压力必须持续到其他止血法止血后方可解除。

前额部和颞部出血,用指压迫同侧耳屏前上方约一指宽处搏动的颞浅动脉于颞骨上;

后头部出血,用指压迫耳后突起下面稍外侧耳后动脉处;

面部出血,用指压迫同侧下颌前1.5厘米处搏动的颌处动脉于下颌骨上;

肩部及上臂的出血,将伤员头转向健侧,用拇指压迫锁骨上窝内1/3处搏动的锁骨下动脉于第一肋骨上;

前臂和手部的出血,将伤臂稍外展外旋,用拇指或食、中、无名指压迫肱骨上;

大腿及小腿的出血,伤员仰卧,患侧大腿稍外展外旋,在腹股沟中点稍下方摸到搏动的股动脉,用拇指重叠或用两手掌根重压在其耻骨上;

足部的出血,在踝关节背侧、胫骨远端将搏动的胫前动脉(即足背动脉)压迫在胫骨上,或在踝关节内踝的后方,将搏动的胫后动脉压在胫骨上;

手指部出血,用健侧手指捏住伤手的指根部(指侧方)指动脉处。

2. 绷带加压包扎法

用无菌敷料覆盖创口后,用绷带加压包扎,以压住创伤部位的血管而止血。该法止血效果好,适用面广,手法简便,当出血量大时应先行压迫止血或止血带止血后进行包扎,包扎后应注意伤口是否达到止血效果。

3. 止血带法

该法主要适用于四肢大动脉出血。方法是:将伤肢抬高,用特别的止血带或胶皮管,或用毛巾、宽布条等代用品,缚扎在伤口的近心端,即上肢出血缚扎在上臂上1/3处,下肢出血缚扎在大腿上1/3处。在肢体上用软布加垫后再扎止血带,松紧适宜以达止血目的即可。止血带间隔0.5~1.0小时应放松1~2

分钟,以防肢体坏死。

上述止血方法适用范围有所不同,动脉出血(出血呈喷射状,血色鲜红,流量大,可危及生命)常用指压法、加压包扎法、止血带法进行止血;静脉出血(出血呈持续性,血色暗红,血流量大,常能找到出血点)常用绷带加压包扎止血法;毛细血管出血(出血常为渗出性,或为若干小血滴,快者汇集流出)一般用加压包扎或指压法止血,或用吸收性明胶海绵局部止血。

二、包扎术

急救包扎的目的是压迫止血、减少感染、保护伤口、减少疼痛、固定敷料及夹板等。常用包扎方法如下:

1. 绷带包扎法

根据包扎部位的形态特点采用不同的包扎方法。

环形包扎法:用于包扎身体粗细均匀的部位,如额部、手腕、小腿下部等。包扎时先张开绷带卷,把带头斜放于伤肢上,并用左拇指压住,将绷带绕肢体包扎1圈后,再将带头1个小角反折,然后继续绕圈包扎,约包扎3~4圈后用胶布粘贴住绷带末端即可。

螺旋形包扎法:适用于包扎肢体粗细相差不多的部位,如上臂、大腿下部等。包扎时先做2~3圈环形包扎后,再将绷带斜形缠绕,每圈都盖住前一圈的1/2~1/3。

"8"字形包扎法:常用于包扎肘、膝、踝等关节处。先在关节处或在关节下方做2~3圈环形包扎,再在关节弯曲处的上下两方,将绷带由上而下,再由下而上做"8"字形来回缠绕包扎,最后做环形包扎。

蛇形包扎法:常用于夹板固定。方法同环形法,只是做斜形缠绕,每圈间隔大些。

2. 三角巾包扎法

此法应用方便,适用于全身各部位包扎。

手部包扎法:三角巾平铺,手指对向顶角,将手平放在三角巾中央,底边横放手腕部,先将顶角向上反折,再将两底角向手背交叉绕一圈,在腕部打结即可。

足部包扎法:方法同手部包扎法。

头部包扎法:先把三角巾底边(或折叠)放于前额,顶角在脑后部,将三角巾从前额拉紧绕至额后打结,再把顶角拉紧并向上翻转固定。

面部包扎法:先将三角巾顶角打一结,放于头顶上,然后将三角巾罩面部,并将眼睛和鼻孔处剪个小口,再将三角巾左右二角拉到颈后,绕回前面打结即成。

胸部包扎法:如右胸受伤,将三角巾顶角放在右肩上,将底边扯到背后在右面打结,然后再将右角拉到肩部与顶角相结。

背部包扎法:同胸部包扎,但位置相反,结打在胸部。

手臂悬吊法:肱骨和锁骨骨折,先把三角巾折叠成四横指宽带,也可用绷带或软布带代替,将宽带中央置于伤肢前臂的下 1/3 处,将宽带两端在颈后打结。除肱骨和锁骨以外的上肢骨折,将三角巾顶角置于伤肢的肘后,前臂放在三角巾中央,伤肢屈肘90°,一底角拉向健侧肩上,另一底角向上翻折包住前臂,两底角在颈后打结。

三、固定术

固定术是针对骨折而采用的,使断骨不再刺伤周围组织和加重移位,骨折不再加重的急救方法。

1.现场急救固定

开放性骨折固定前,小伤口出血应先包扎止血,大伤口应先清洗消毒,再用消毒纱布或干净布盖好后包扎和夹板固定,不要把刺出的骨端送回伤口内,以免感染。骨折固定常用木质夹板进行,紧急时可就地取材,如竹板、竹片、木棒、手杖、硬厚纸板等代用品;上夹板前,在肢体与夹板间垫一层棉花或布类等柔软物品;捆绑夹板时应将断骨处的上下两个关节都固定住,即要“超关节固定”。四肢固定时,要露出指、趾尖,以观察血液循环情况,如发现指趾苍白、发凉、疼痛、麻木、青紫等现象,说明夹板绷得太紧,应放松绷带,重新固定。

2.常见骨折固定法

头部骨折:伤者静卧位头稍高,在头部两侧放两个较大的枕头或沙袋将其固定住。

肱骨骨折:救护者一人握伤者前臂使患肢肘关节向里弯,并向其下方外边牵引,另一人拿夹板固定,一块夹板放臂内侧,另一块放臂外侧,上过肩,下至肘外,然后用绷带包扎固定后吊起。

前臂骨骨折:救护者一人使伤者臂弯成90°角,将一块平板放于前臂内侧,一端需超过手掌心,另一端超过关节少许,再用另一块夹板放于前臂外侧,长度如上,然后用绷带缠绕固定,并用悬臂带吊起。

手骨骨折:将伤肢呈屈肘位,手掌向内侧,手指伸直,夹板放于内侧,用绷带缠绕包扎,悬臂带吊起。

大腿骨折:伤者平卧,一人握住伤肢的足后跟,轻轻向外牵引,另一人按住伤者的骨盆部,第三人上夹板,一块放在大腿内侧,上自腹股沟(大腿根部),下至过脚跟少许,另一块放在大腿外侧,上自腋窝下至过脚跟少许,然后用绷带或三角巾固定。

小腿骨骨折:固定方法同大腿骨折,固定在小腿外侧的夹板,上端只需过膝少许。

足骨骨折:夹住足关节,用稍大于足底的夹板放于足底,用绷带缠绕固定。

脊柱骨折:采用"三人搬运法"使患者平卧于木板上,让伤者俯卧,用宽布带将伤员身体固定在担架上,以免转运时颠动。

骨盆骨折:将伤员轻移至平板上,两腿微弯,骨盆处可垫少许棉布,然后用三角巾或衣服将骨盆固定在木板上。

肋骨骨折:用宽布缠绕胸部,限制伤者的呼吸运动,将断肋固定住。

四、搬运术

1. 单人搬运法:

扶持法:急救者位于伤员的健侧,一手抱住伤员腰部,伤员的一手绕过急救者颈后至肩上,急救者另一手握住其腕部,两人协调缓行。

抱持法:急救者一手托住伤员的背部,另一手托住伤员的大腿及腘部,将伤员抱起。

背负法:救护者站在病人前面,呈同一方向,微弯背部,将病人背起,但胸部创伤者不宜采用。

2. 双人搬运法

托椅式搬运法:两名急救者相对而立,各以一手互握对方的前臂,另一手互搭在对方的肩上,伤员坐在急救者互握的手上,背部支持于急救者的另一臂上,伤员两手分别搭于两名急救者的肩上。

拉车式:一个站在伤员的背后,两手插到腋下,将其抱入怀内,一个站在其足部,跨在他的两腿中间,两人步调一致慢慢抬起前行。

三人搬运法:三名救护者同站于伤员的一侧,第一人以外侧的肘关节支持伤员的头颈部,另一肘置于伤员的肩胛下部,第二人用双手自腰至臀托抱伤员,第三人托抱伤员的大腿下部及小腿上部,使伤员头朝内侧面侧卧于三人的三臂中,协调地抬起和行走。

担架搬运法:使伤员平卧在担架上,神志不清者,可用宽布带将其固定在担架上。脊柱骨折者或无担架可用床板和木板代替,搬运时前后步伐一致。

第三节　体温、脉搏、血压的测量及其判断

一、体温的测量及其判断

体温测量有口测法、肛测法和腋测法。

口测法是将消毒过的体温计(口温表)置于舌下,紧闭口唇,用鼻呼吸,放置 5 分钟后读数,正常体温值为 36.3℃~37.2℃。

腋测法是将腋窝汗液擦干后将体温计放在腋窝深处,用上臂将体温计夹紧,放置 10 分钟后读数,正常值为 36℃~37℃。

肛测法主要为婴幼儿用。

口测法较方便,测温较可靠,但不易保持卫生。腋测法较安全卫生,不易交叉感染,但冬天使用不方便。测温前应将体温计的水银柱甩到 36℃以下。

正常人 24 小时体温略有波动,一般相差在 1℃以内,且表现为早晨略低,下午略高,运动和进食后体温升高,老年人略低。体温高于正常值称为发热,37.5℃~38℃称为低热,38℃~39℃称为中度发热,39℃~40℃为高热,40℃以上为超高热。

二、脉搏的测量及其判断

脉搏测量可间接反映心率、心律情况。测量时,将右前臂平放在桌上,掌心向上,以左手食指、中指和无名指的指端摸住右手手腕桡动脉处,在心情平静时,测量 30 秒钟脉搏次数乘以 2,即为一分钟脉搏次数。

正常脉搏次数为 60 次~100 次/分,若高于 100 次/分,为心动过速,小于 50 次/分,则为心动过缓。某些运动员脉搏有 50 次~60 次/分,应属正常。正常脉律整齐,如脉律不齐则提示为心律不齐,如脉率缺搏一次,则提示心脏发生一次期前收缩。

三、血压的测量及其判断

血压包括收缩压、舒张压。测量前水银血压计应放平,水银柱在零位,并排除气泡,测试时血压计与心脏同水平,左臂自然前伸,平放于桌面,捆扎袖带松紧适度,肘窝部充分暴露,摸准肱动脉(肘窝略偏内侧处的动脉),将听头置于中央,用左手轻按听头,右手打气入带,使水银柱匀速上升,直至听不到搏动声

为止。随后缓缓放气,听到的第一声搏动声即为收缩压,继续放气,脉跳声突然由洪亮变模糊时(称变音点)即为舒张压;若脉跳声变音不明显,一直放气到脉跳声消失,此消音点称为舒张压。

正常成人收缩压不超过 18.6kPa(140mmHg);舒张压不超过 12kPa(90mmHg)。

正常青少年的血压,世界卫生组织(WHO)规定正常上限 12 岁以下为 135/85mmHg;13 岁以上为 140/90mmHg,若超过上述正常值,则为高血压或临界高血压。

第四节　常见突发疾病的急救措施

一、昏厥急救

昏厥是最常见的急症之一。原因很多,如疼痛、恐惧、情绪紧张、焦虑、闷热、脱水、站立过久、长跑骤停等,甚至起床站立排尿也可引起昏厥。以上都可发生于平素健康的人身上。

病人首先感到无力,想立即坐下或躺下,随即恶心、出汗(尤其前额)、脸色苍白。这时如果马上卧躺,以上症状就可缓解或消失。否则可能突然昏倒,但能很快清醒,感到头晕无力。此时若起身站立,昏厥又可复发。

一见到病人前额出汗、脸色苍白或申诉头晕,或已昏厥,就应立即扶病人躺到床上,抬高下肢,不要用枕头。解开领扣、腰带和其他紧身的衣物。如果现场无床或不允许病人躺下,可以让他坐下,把他的头垂到双膝之间。如果病人不能躺下或坐下,可让他单腿跪下,俯伏上身,就像系鞋带的姿势。这样,病人的头部就处在比心脏低的位置,同样能很快恢复。

千万不要把昏倒在地的病人扶坐起来,而要让他躺在地上,身子放平。用指甲掐患者的人中穴,可使他更快清醒。在病人脸上洒些凉水也有好处。病人一般在 5 分钟内便能恢复神志,否则应立即找医生。病人在醒后至少仰卧 10 分钟,过早起身可使昏厥复发。

二、窒息急救

窒息是由上呼吸道的异物所引起的。这类异物多为食物,一旦发生窒息,患者往往还能呼气,但吸气受到阻碍,于是肺内含气量愈来愈少。病人常常伸直五指捂在颈前,露出恐惧表情,呈现典型的窒息征象,不能咳嗽,面色青紫。

此时急送医院已经来不及,必须在现场奋力抢救。注意千万不要给病人喝水或吃食物。

目前广泛应用的抢救方法是哈姆立克急救法,利用肺内的残存气体将异物冲出气道。这就要在病人上腹突然施压,以迫使横隔上升,加压于肺部。

基本方法如下:站在直立位患者身后,或单膝跪在坐位患者背后,双臂绕过患者的腰。握紧右拳,大拇指末节握在拳内。将右拳的拇指侧贴住患者肚脐上方,再以左手抓住右拳,迅速地用力向上一顶,必要时重复数次。

如果病人已倒在地上,而身体又过于沉重,扶不起来,可把病人身体放平,仰卧。救护者分腿跪在患者双髋外侧,一手的掌根放在患者上腹,再将另一只手放上去,迅速而用力地向上推压,必要时重复数次。

做以上操作时,注意不可拍击病人背部;不可挤压病人胸部;病人仰卧位操作时,不可双膝跪于患者一侧,注意病人的头部应保持向上,切不可偏向一侧。

如果发生窒息的是婴儿,可将婴儿放在施救者的大腿上,使婴儿的背贴住施救者的胸腹。用双手的食指和中指(指尖聚在一起),放在肚脐上方(肋骨下方),迅速而用力地向上一顶。也可将患儿仰面平卧在施救桌上。

如果发生窒息的是幼儿,也可以将他面向下置于施救者的大腿上,令其整个躯干向地面悬垂,然后用力拍击背部。此法可能导致异物移动到其他部位,所以只有在其他方式无效时,作为最后的办法。

有时异物可从病人的喉部清除。令病人仰头张口,用手电等光源照一下,如果能看到异物,便可尝试用手指清除异物。

有时异物并没有将气管完全堵塞,空气还能贴着异物外缘通过,因此如果上述方法无效,应及时进行口对口人工呼吸。

另外,为了争取时间,在现场对窒息病人进行急救的同时,还要尽快通知医院派医生前往现场抢救。

三、猝死急救

呼吸停止,有时还伴有心搏停止。这时仅做人工呼吸当然不行,还必须加上胸前叩击和胸外心脏按压,这就是心肺复苏术。

心肺复苏术主要用于猝死的病人。非外伤所引起的急性死亡,医学上叫作猝死。世界卫生组织规定,凡在死前 24 小时,一直过着正常生活,而在发病后 6 小时内迅速死亡者,称作猝死。猝死的病因很多,冠心病是其主要原因,占 60% 左右,中老年人尤为多见,尤其是冠心病中的心肌梗死是心脏骤停的最常见原因。冠心病患者猝死率达 1/3,其中的 2/3 发生在医院外,多死于发病后 1~2小时内。健康的青壮年人因病毒性心肌炎而猝死的也不少见。此外,暴饮暴食和酗酒诱发的急性出血性胰腺炎以及血管瘤破裂、药物过敏或中毒等都可能成为猝死的原因。

猝死的主要病理生理变化是心脏骤停而停止了有效的排血,脑组织的供血也随之中断,不到 7 秒,患者便出现突然的神智丧失。如果再加上大动脉(颈动脉和股动脉)搏动消失(一般以检查颈动脉搏动最简便可靠。用食指和中指指尖在相当于男性喉结外侧两横指处仔细按摸,即可确定有无颈动脉搏动),就可明确判断为心脏骤停。这时应立即就地抢救,同时呼唤别人协助并通知医护人员,万万不能等待医护人员来进行抢救。心脏停搏 4 分钟后就会发生脑损害,停跳 6 分钟以上就会对大脑产生永久性损害。因此,停跳时间愈短,大脑缺氧性损伤愈轻,恢复的机会愈大。

抢救的第一步,可先做胸前叩击,尝试使刚发生停搏的心脏复跳。施救者在病人右侧,握紧右拳,用多肉的掌侧迅速有力地向病人胸骨中下部捶击 2~3 次,然后立即触摸其颈动脉,如果动脉出现搏动,就说明心跳已经恢复,否则应立即进行体外心脏按压,不要继续捶击。

心脏是空腔的器官,按压胸骨下半部时,心脏受到间接的压迫排出内部的血液;不按压时,胸廓由于其固有的弹性回复原位,造成胸内负压,使静脉血向心脏回流,反复按压就会人为推动血液循环。

进行体外心脏按压时,要让病人仰卧在硬板床上或地面上,不要用枕头。抢救者在病人一侧,将一手的掌根放在病人胸骨下半部位置,再将另一只手叠放在手上,有节奏地向下按压。按压时肘部要伸直,上半身略向前倾,使肩部位于两手上方垂直的位置上,以足够的力量按压并提胸部,使胸骨下降 4 厘米左右,然后释去压力,使胸廓回复原位。按压时间和释压时间可以相等,如能将时间比例控制在 3:2 左右则最好。

释压时双手不要抬离胸壁或改变按压的位置。按压必须用力均匀而有节奏,切忌突然用力按压和弹跳式的按压。掌根下压的力量必须集中在胸骨上,手指切勿接触胸部,以免发生肋骨骨折。按压部位不宜过高或过低,尤其不能按压胸骨下部的剑突,以免损伤肝脏。

在进行体外心脏按压时,必须同时做口对口人工呼吸。只有一个人进行抢救时,应将按压的频率掌握在每分钟 80 次左右,每做 15 次按压,进行两次口对口人工呼吸。若有两个人同时进行抢救,按压的频率则为每分钟 60 次,在每 5 次按压后,另一人进行口对口人工呼吸一次。两人交换抢救位置时,不可打乱这个比例和顺序。进行人工呼吸者在吹气完毕后应立即转移至胸部接替按压;按压者在第 5 次按压后则立即转移至病人头部准备进行人工呼吸。

单人抢救开始一分钟后,检查触摸病人颈动脉 5 秒,以判断心跳是否恢复。

若未恢复,则继续进行抢救,之后每隔5分钟检查脉搏一次。如果是双人抢救,进行人工呼吸的人员要经常触摸病人颈动脉,如果每次按压后都能感到一次搏动,则说明心脏按压有效。如果停止按压5秒钟内未能感到搏动,说明心跳仍未恢复,应继续进行体外心脏按压。

经过一段时间抢救后,如果病人脸色逐渐红润,嘴唇转红,将耳朵贴在病人胸部可以听到心音,颈动脉有搏动,自主呼吸恢复,表示抢救初步成功,此时便可送往医院,但仍需要密切注意病人情况。如果在抢救开始时能在病人头部放置冰袋,对病人的脑复苏极为有利。

深度昏迷、缺乏自主呼吸以及瞳孔散大固定15～30分钟,说明病人已经脑死亡;心肺复苏持续一小时之后检查心电图而无心电活动,表示心脏死亡,可以停止心肺复苏。但若还有脉搏,动脉收缩压保持在60mmHg以上,瞳孔仍在收缩状态时,仍应继续进行心肺复苏的现场抢救。

四、休克急救

休克是一种急性循环功能不全的综合征,系各种强烈致病因素作用于机体,使循环功能急剧减退,组织器官微循环灌流严重不足,最后引起普遍性细胞功能损伤,各重要内脏器官功能衰竭和机体死亡。

休克分为低血容量性、感染性、心源性、神经性和过敏性5类。由于创伤和失血引起的休克均属于低血容量性休克,而低血容量性和感染性休克在外科最常见。

发生休克后应使病人的头和腿均抬高30°或平卧位交替。腿抬高有助于静脉回流,头抬高使呼吸接近于生理状态,保持病人安静,注意保暖,有条件时应给病人吸氧。尽量避免过多地搬动患者,控制活动性大出血。必须搬动患者时,动作应轻而协调,放时宜缓慢而平稳。对神志不清患者应摘除假牙,防止误吸堵塞呼吸道。

五、中暑急救

中暑是暴露于人为的或天然的高温环境中发生的一种疾病,一般可分为热射病和日射病两种。

在高温而通风不良的环境下工作,容易发生热射病。人体此时通过大量出汗的方式散热,若不及时补充水和钠盐,可因为水和钠盐的大量丢失而脱水。患者先感觉头痛、头晕、心慌、乏力,然后出现面色苍白、恶心呕吐、大量出汗、脉搏细速的症状,甚至出现抽搐和昏迷。

夏季在强烈的日光下暴晒过久,尤其是在未戴帽子而使头部遭受日光直射时,容易发生日射病。强烈的日光不仅会使身体受到高温影响,而且长时间照射头部会使脑膜充血、大脑皮层贫血。患者常常猝然昏倒并抽搐,面色发红,呼吸急促,脉搏快速有力,皮肤干燥无汗,体温达40℃以上。

抢救中暑患者,应立即将病人抬到阴凉通风处平卧,松解衣扣,不要在头下放置枕头,保持安静、通风的环境。用冷水或冰水擦拭和湿敷头部,同时不断用扇子或电扇扇风,还可用酒精擦身,以降低过高的体温。但已虚脱(体温较低)的患者不宜采取冷敷、扇风和酒精降温的措施。对神志清醒的患者要给予凉的淡盐水,这样不仅能降温,而且可以补充身体丢失的水和钠盐,服用人丹、十滴水、藿香正气丸等解暑药,也有一定的好处。

经过上述处理,一般病人可在1~2小时内恢复。但对昏迷不醒的病人,要在采取降温措施的同时尽快送往医院,并且在运送过程中注意遮阳。

为防止中暑的发生,夏季要避免在烈日直射下长时间暴晒,注意戴好遮阳帽;高温作业要多喝盐开水;出现头晕、胸闷、心悸、乏力、口渴、恶心等先兆时,立即到阴凉通风处休息,使用解暑药,喝含盐的清凉饮料,便可很快恢复。

六、癫痫大发作急救

癫痫大发作的主要表现为神志丧失和全身肌肉抽搐。具有这两种主要症状的疾病,还有颅内感染(如流脑、乙脑)、颅内出血、小儿高热惊厥、高血压脑病、自发性血糖过低、癔症以及中暑、药物中毒、酒精中毒等。

患者发病时,神志突然丧失,发出尖叫声,跌倒在地,瞳孔扩大,对光反射消失,全身肌肉出现短暂的阵挛性抽搐,口吐白沫;如舌被咬破则口吐血沫,并可能大小便失禁,抽搐后进入昏睡,一段时间后意识逐渐恢复。

癫痫大发作时旁人常常感到惊恐不安,但患者本人一般并不感到痛苦,而且没有多大危险。因此救护癫痫发作病人时必须保持镇静,首先松开病人的领扣和腰带。除了保护病人抽搐时造成伤害之外,不必限制病人的抽搐动作。可将附近的硬物挪开,以免病人碰伤。切勿给病人饮水或服用任何药品。抽搐消失后如果病人尚未苏醒,应将其头部转向一侧,以避免病人将口中产生的大量睡液吸入气管导致窒息。除了患者的牙齿咬住舌头时,不必把任何东西置入患者上下牙之间。若确实有此必要,可用两层手帕卷紧后纳入齿间,千万不可将手指垫入。抽搐消失后应让病人安睡,一般不久就会恢复神志。如果病人在10~15分钟内未能苏醒,最好送往医院进行诊治。

第五节　意外事故的急救

一、触电的预防和急救

在日常生活中常见因湿手触摸电器开关、灯口,触及裸露电线等引起的触电事故。这是因人体接触单一电流而造成电流通遍全身所引起,所以称为单相触电。有时,电线断落在地下,则以此为圆心的 10～12 米内会形成一个圆形的电场,走进该圆内时往往会触电,而且离圆心越近或该圆心内有积水(水是良好的导电体)就越危险,通常将此称为电场触电。有些绝缘设备差、粗制滥造的机电产品也会引发这种性质的触电。

还有一种触电原因是高压电或雷击,常发生在高压输电设备障碍,或在雷雨时在孤立的树木下躲雨时。这种触电因为电源的电压高、电流量大,所以后果比较严重。

在日常生活中,应当从以下 10 个方面注意用电安全:

不要用湿手触摸电器开关;

不要在电线下放风筝、用竹竿打鸟等;

不要在高压供电设备附近休息或玩耍;

离开房间以前要关闭所有电源;

使用久置不用的电器前要先请专业人员进行检查修理;

电器周围有积水应及时清扫,清扫前先切断电源;

发现有断落电线时要及时向供电部门报告;

雷雨时不要在树下避雨;

学会在同伴触电时正确的解救及使其脱离险境的方法;

学习并掌握触电时的急救基本知识。

轻度触电可使人精神呆滞、面色苍白、呼吸心跳加快,触电局部发麻,有时还会因灼伤而出现水肿等。重度触电时,会因呼吸肌和心肌痉挛而出现呼吸快而不规则、心跳加快、心律不齐及心室的纤维性颤动,与此同时血压下降,随即转入休克或假死状。当手触电时,局部肌肉在电流作用下造成强直收缩,以致手无法松开,所以手掌面的灼伤、烧伤常很严重,又由于人常在触电时摔倒或从高处摔下,所以发生骨折等外伤也很常见。

上面提到的电击后局部烧灼伤、骨折与外伤、皮肤焦化或炭化等,都属于电击伤。呼吸和心跳是维护生命的关键,所以当发生电击伤后,首先要抢救和恢复的是这两大功能。

发现有人不慎触电后,首先应迅速切断电源,或者用木棒、竹竿等不导电的物体将电线挑开。在电源未切断前,不要直接拖拉伤员,以防救护者也触电。抢救时要保持镇静,将伤者迅速转移到安全地点,解开皮带、衣扣,使其前额仰起并抬起下颌,清除口内黏液,保持呼吸道通畅。有呼吸、心跳停止现象的,立刻行心肺复苏和口对口人工呼吸,两者应协调进行,一般每呼一口气,应做4～5次心脏按压。抢救要坚持到医护人员到达方可停止。触电后伤者往往处于假死状态,只要坚持抢救,有很大复苏可能。

在抢救的同时,应当派人查明触电原因。低压电流首先使心搏骤停,而高压电则因造成对中枢神经的强刺激首先导致呼吸停止,这些情况对医护人员实施进一步抢救有很大帮助。

呼吸、心跳恢复后,伤者还会出现因循环衰竭引起的脑水肿、酸中毒和血压过低现象,应立即送往医院进行进一步治疗。

二、淹溺急救

淹溺,俗称溺水,是在游泳或失足落水时发生的严重意外伤害。

多数会游泳的溺水者往往是由于在水下出现四肢(尤其大小腿)痉挛、抽搐,以致失去自主能力而下沉。出现原因一是未做充分准备活动,下水后突遭寒冷刺激;二是游泳时间过长,使体内二氧化碳丧失过多。另外,在非开放水域游泳,被水底水草缠绕,或陷入泥沙而失去控制能力,或平素患有心脏病、贫血、癫痫及其他慢性病,游泳中因冷水刺激而引起旧病复发等也是溺水的主要原因。

在游泳前和游泳时应注意:游泳前做好充分的预备活动;游泳中根据自身的体力合理安排时间,在饥饿、疲劳时不宜下水;凡曾患有高血压、心脏病、肝肾疾病、肺结核和癫痫等慢性疾病者,在游泳前必须征询医生的意见,并进行健康检查。

淹溺发生之初,因落水者在水里挣扎而导致呼吸道和消化道少量进水,呼吸反射性暂停,此时落水者虽然神志清醒,但动作往往已十分慌乱。接着因缺氧而重新呼吸,使水进入肺部引起呛咳,同时发生反射性呕吐,呕吐物则进入气管阻塞呼吸造成窒息。一旦出现窒息,落水者的神志就会越来越不清醒,很快出现昏迷,继而呼吸停止,各种反射消失,大小便失禁,但仍有微弱心跳和呼吸。如果这时仍得不到及时抢救,将于2～3分钟内死亡。

溺水过程中出现的上述各阶段症状决定着急救时应采取的正确措施,也预示着溺水本人的不同预后。

从发生淹溺到死亡,平均历时 4~12 分钟,所以,发生意外后争分夺秒采取正确的急救措施非常重要。

一旦发现有人在水中挣扎,可召唤其他在场者协助抢救。如身边有绳索、木板或其他不易下沉的物件,可抛给溺水者,再拖其上岸;游泳技术较好的,可迅速绕至其背后,抓住头发或夹其腋窝,以仰泳方式将溺水者救出水面。

将溺水者带上岸后,应立刻将其平卧,解开衣带,清除口鼻等处泥沙杂草,以保证呼吸道通畅。

及时控水也很重要。抢救者单腿半跪,将溺水者头朝下,腹部贴在自己膝上,使肺、胃内积水排出,或将溺水者扛在肩上,腹部置于救治者肩峰上,边快步走动边控水,这种方式还可起到一定的人工呼吸作用。

控水时间不宜过长,特别是当控水作用不明显时,应抓紧时间采取其他急救措施。例如,一方面做人工呼吸,一方面做胸外心脏按压,两者协调进行(即平均吹一口气,按压心脏 4~5 次),最好由两人协调配合进行。若溺水者牙关紧咬,也可将人工呼吸方式由口对口改为口对鼻。无论采取何种方式,均应持久地坚持下去。因为相当多的溺水者此时都会处于"假死"状态,生还希望很大。

上述抢救应就地进行以免因送医院而延误时间,同时,应尽快和医生取得联系。

三、烧烫伤的急救

在日常生活中,常发生被火焰、开水、沸油等烫烧伤的情况。

当发生烧伤时,应首先脱去着火的衣服或就地打滚扑灭火焰,就近跳入水源或用自来水冲洗。如系液体所致的烫伤,应尽快脱去被浸湿的衣物,若一时难以解脱,可先剪开后再轻轻逐片撕脱,切不可强行撕下与伤口粘连的衣片。对于强酸、强碱的化学烧伤,则可用相应的弱碱、弱酸稀溶液来中和。脸部烧烫伤,应重点保护眼睛,冲洗时应特别注意眼裂、鼻腔等部位。对于严重烧伤病人经现场急救后,应尽快、就近送往医院抢救。急救时应注意保持病人的呼吸道通畅,并保护创面,以免引起感染而影响愈合。小面积轻度烧烫伤病人,经过适当处理后,一般数日后便可痊愈。

如果烧烫伤面积不大于五指并拢的手掌面,皮肤局部发红、轻度肿胀、疼痛明显,有轻度小水泡,这属于小烫伤,可以自行处理。受伤后立即用干净的凉水浸泡或冲洗,达到止痛和减少肿胀的目的,然后抹点油或涂烫伤软膏即可。若有小水泡,尽量不要弄破,水泡周围皮肤可用碘酒涂抹;大的水泡,可用火烧过的消毒针头从水泡底部刺破(不要撕去泡皮),使其水分排出,然后涂上油膏,也可用蛋清加麻油搅匀后涂抹。最后再用干净布块或凡士林纱布包扎创面。

对大面积烧烫伤的创面,现场不必做特殊处理。不要乱涂药膏、花粉,更不能涂香灰、牙膏之类的东西。应适当冲洗,并保持创面清洁,盖上消毒的纱布或其他清洁的布块,尽快送医院处理。

第六节　中毒的急救

一、煤气中毒急救

煤气中毒,是由于含碳物质(如煤)在不完全燃烧的情况下,放出大量一氧化碳,进入人体后与血液里专门负责运送氧气的血红蛋白结合,从而破坏其运氧能力,使人处于严重的缺氧状态而造成的。

轻度一氧化碳中毒者,血液中被抢占的血红蛋白达到 10% ~20% ,人开始因缺氧而产生头痛、头晕、恶心呕吐、心慌乏力等症状。这时,若及时发现并脱离中毒环境,吸进新鲜空气,上述症状能完全消失,无后遗症,但需 1~2 天才能恢复体力。

中度一氧化碳中毒者,血液中被占血红蛋白达到 30% ~40% ,人因严重缺氧而半昏迷或昏迷,口唇、颜面及胸部呈樱桃红色,脉搏细速,血压下降。这时如能发现,及时抢救,约 3~4 大痊愈,无后遗症;发现晚,抢救又不得当,会部分留有后遗症,如幻视、幻听、肢体麻痹等等。

重度一氧化碳中毒者血液中被占血红蛋白已达 50% 以上,人进入昏迷状态,四肢厥冷,瞳孔散大,继续发展下去则会引起呼吸、循环的全面衰竭,最终导致死亡。即使经抢救脱离生命危险,仍有相当多人会留下明显后遗症,对智力活动与学习能力造成的损害常常是无法逆转的。

煤气中毒常发生在利用煤炭取暖的房间中,室内煤炉封火后,煤燃烧不充分,产生大量一氧化碳,这时如果门窗紧闭,没有通风口,或者炉子烟囱漏气、烟道堵塞,室内一氧化碳浓度不断提高,就会引起一氧化碳中毒。有时,因风向突变、空气向烟囱内大量回灌,也会引起煤气中毒。除此之外,在住宅楼中,也可能发生由于家庭煤气管道泄漏、燃气淋浴器燃烧泄漏等原因引发的一氧化碳中毒。

在日常生活中,无论是做饭、取暖、使用热水器洗澡等,都要从思想上做到安全第一,防患于未然。家用的管道煤气有股特殊的臭气,这种臭味是煤气公司有意加进去的,目的是在燃气泄漏时及时引起注意,真正的一氧化碳无色、无臭、无刺激作用,很容易使人丧失警惕而致意外。

室内若有煤炉,门窗应装上通气换气装置,并时常开窗通风,加速室内污浊空气外排。经常检查排烟管道有没有漏气和堵塞,出现问题后应立即检修。煤在未着旺和快熄灭时都会有大量一氧化碳产生,因此炉上最好装有烟囱,生无烟囱的煤炉应在户外,待火旺后再放置室内。使用煤气热水淋浴器洗澡时应有专人照料,注意有无煤气泄漏及灭火现象。

发现煤气中毒者时,应当立即打开门窗,并将中毒者迅速移到空气流通的场所或者室外,解开紧身衣服和腰带,以便中毒者能吸入新鲜空气,同时应注意保暖,盖好棉被或棉大衣等。

已清醒而且能饮水的煤气中毒者,可饮用适量热糖水。呼吸困难的,要及时进行人工呼吸;若呼吸及循环已处于衰竭状态的,应立即做口对口人工呼吸以及胸外心脏挤压术,并拨打120急救电话。医生到来以前,应坚持进行人工呼吸和心脏按压等抢救措施,千万不要因等待医护人员到场而失去救治机会。

除了很轻的中毒症状外,经抢救后苏醒的中毒者,应送往医院做进一步观察治疗。

二、食物中毒急救

食物中毒,是指健康人吃进数量正常,但是"有毒"的食物而引起的一种急性疾病。

食物有可能在加工、储存、运输、销售过程中受到细菌、细菌和真菌毒素以及有毒化学物质(如农药、砷、金属等)的污染,食用了这些食物,就会造成食物中毒。

食物中毒通常有几个特点:潜伏期短,常短时间内多人同时得病;所有病人有相同症状,其中急性肠胃炎最常见;凡发病者都吃过同种可疑食物;发病者对其他健康人没有传染性;一旦停止食用这种可疑食物,即无人再得同样的病。

食物中毒起病快、涉及面广,常引起严重后果,应该认真预防。如果有下列情况出现,是不属于食物中毒的:

不是通过口,而是通过其他方式(如有机磷经皮肤吸收)引起的体内中毒现象;

食物本身是正常的,但因为暴饮暴食而引起的肠胃性疾病;

食用者本身有病,或具有对某种食物过敏的特异体质;

食物引起的肠道寄生虫病。

食物中毒以细菌性食物中毒最常见。沙门氏菌、葡萄球菌、变形杆菌和嗜盐菌等是最常见的致病细菌。

引起沙门氏菌食物中毒的大多是动物性食品，尤其是内脏和卤肉、酱肉等，5～9月份多见。细菌或者是已经先感染了的猪、牛、家禽等，烧煮过程中因加热不彻底而细菌未被消灭，或者因为生熟案板不分等而使本来好的熟肉污染。当人吃了这些肉、内脏等，一般12～24小时后发病，初起头痛、恶心、食欲不振，接着出现呕吐、腹泻和腹痛、水样大便，有时带黏液和血，体温一般38℃～40℃，病程3～7天。

变形杆菌和大肠杆菌等细菌被称为条件致病菌，它们平时就存在于正常人的肠道中，只有当卫生状况极差，食品受细菌污染并大量繁殖时才具有致病性。熟肉、凉拌食品、豆制品和剩菜等都会引起变形杆菌食物中毒。

变形杆菌食物中毒主要有恶心呕吐、头晕、全身瘫软等症状，一般体温不高。大多数中毒者腹痛剧烈，以肚脐为中心，呈刀绞样痛；腹泻一天多达10余次，水样便，并有恶臭。少数人过敏症状明显，面部及上身皮肤潮红，头晕，并有荨麻疹，病程1～3天。

嗜盐菌怕酸怕热，在食醋内1分钟或加热80℃时1分钟即死亡，但它喜寒爱盐，在海水中生存期很长，在30℃～37℃时大量繁殖。引起嗜盐菌食物中毒的主要是黄鱼、墨鱼、带鱼、螃蟹、海蜇等海产品。生吃、未熟透、苍蝇叮咬、凉拌后存放时间过长的食品，都会引起这类食物中毒。

嗜盐菌食物中毒潜伏期短则2小时，长则2～3天。中毒起始时上腹和脐周有阵发性绞痛，然后频繁腹泻，大便稀水样，大多先为血水后为脓血并带黏液，不过没有痢疾那样的"里急后重"症状。

引起葡萄球菌性食物中毒的主要是金黄色葡萄球菌。所污染的食品多是剩饭、糕点、奶和奶制品、冰棍、熟肉和蛋品，金黄色葡萄球菌非常容易在这些食品中繁殖并产生大量肠毒素。污染源则主要是那些患有化脓性皮肤病、口腔疾病或呼吸道炎症的病人，通过飞沫传播或以手接触的方式使食品污染，空气不流通的食物盛放地特别适合这类细菌繁殖。

葡萄球菌性食物中毒发病很快，有时潜伏期只有1小时。症状主要有突发性恶心，反复剧烈呕吐，甚至吐出胆汁或血等表现；腹痛、腹泻症状反而不太严重，但全身软瘫、头晕头痛、肌肉痉挛等由细菌性内毒素——肠毒素引起的全身性中毒症状非常明显。所以，发生这类食物中毒的患者病情大多比其他细菌性食物中毒凶险，甚至可因出现休克、抢救又不及时而死亡。

轻度食物中毒者，宜卧床休息，吃流食或软食，多补充水分。重度者要着重纠正因频繁呕吐而引起的脱水、酸中毒和休克。对葡萄球菌性食物中毒造成的中毒性休克应立即送医院抢救。

注意集体和家庭膳食卫生,尤其夏秋季饮食卫生,是预防细菌性食物中毒的最根本手段。具体措施可归纳为以下几条:

做饭菜要有计划,尽量现做现吃,不留剩饭菜。剩饭菜即使放在冰箱里,细菌还是能够繁殖的,尤其是嗜盐菌等;另外,被沙门氏菌、变形杆菌等污染的食品,有时表面一点腐败变质的现象都没有,要格外警惕。

凉拌肉食要煮熟,凉拌生菜要洗净并用开水烫过。剩饭菜放通风处或冰箱内,但不宜过久,食前最好加热。切生熟菜、肉要有两套案板分开使用。蒸煮螃蟹和蚶类等,宜待水开后再煮 35 分钟以上,以杀灭体内细菌,并现做现吃。

做饭前要洗净手,患有痢疾、肺炎、化脓性(尤其手部)皮肤病时应及时治疗,最好暂时不要亲自做饭。夏秋季节,每餐前后吃几瓣生大蒜,对防治上述细菌引起的肠道疾病有较好效果。

除了细菌性食物中毒之外,还有以下几种常见的食物中毒:

1. 发芽马铃薯中毒

马铃薯俗称土豆,其中含有一种名叫龙葵素的生物碱,正常时含量很低,所以不会对人体产生毒害。但发芽的马铃薯中龙葵素含量是普通马铃薯中的 2 ~ 3 倍,更危险的是刚刚发芽的幼芽和芽眼部,龙葵素含量高达正常时的 60 ~ 80 倍。

马铃薯中毒多发生在食后 1 ~ 4 小时,开始咽喉发干,有痒或烧灼感;继而烧灼感移到上腹部;再接着是又吐又泻,常因此引起脱水和衰竭。严重中毒者会出现抽搐和昏迷,抢救不及时会因呼吸衰竭而死亡。

一旦发现马铃薯中毒要马上催吐、洗胃,以避免胃里的龙葵素被继续吸收。然后送医院继续治疗,针对脱水、中毒、呼吸困难等症状做对症治疗。

家里买回来的马铃薯应贮放在低温干燥处,不能晒太阳,以免发芽。久贮的马铃薯应把皮刮干净,煮熟煮透后再吃。

2. 扁豆中毒

扁豆,又叫四季豆,是大家爱吃的蔬菜之一,但烹调时一定要炒熟煮透,否则可能会发生中毒。

生四季豆中的一些有毒成分对肌体是有害的。例如,其中的血球凝集素有凝血作用,皂甙则可刺激消化道黏膜,引起恶心和呕吐,同时还有破坏红细胞,引起溶血等毒性作用。这些毒素不耐高温,若烧熟煮透则全部被破坏,不能再危害人体。

生四季豆的中毒作用常在食后 30 分钟 ~ 1 小时即开始,主要引起胃部不适,恶心或呕吐,还有些患者会有头痛、心慌、遍体麻木等症状。这种毒性作用一般在 24～36 小时后逐步减退,很少引起更严重的症状。中毒症状严重的可洗胃,然后对症治疗。

预防四季豆中毒的办法很简单,即要烧熟煮透后再吃。或者事先在开水中烫泡,到豆荚的青绿色消失,无豆腥味后再炒熟食用。

3. 苦杏仁中毒

生杏仁中有种有毒成分叫氰甙,它在胃肠道中水解后可放出剧毒成分氢氰酸。氢氰酸能很快被吸收后进入血循环,作用于人体各部分细胞,使细胞不能正常呼吸,组织普遍缺氧。氢氰酸作用于呼吸和心血管中枢,会导致这些中枢的麻痹而死亡。

杏仁有甜杏仁和苦杏仁之分。后者的氰甙成分比前者高 20～40 倍,所以通常只有吃苦杏仁才会中毒,由于氢氰酸的毒性大,有时吃一粒也会中毒。

苦杏仁中毒一般在吃后 1 小时左右开始,主要表现出神经中毒症状。初时呕吐、恶心、头痛;继则心悸、胸闷、全身乏力;最后常因呼吸麻痹而死亡。除苦杏仁外,生的李仁、桃仁也会造成同样的中毒症状。

一旦发现苦杏仁中毒要马上送医院治疗,如果路途遥远最好先洗胃。医生通常利用亚硝酸钠、硫代硫酸钠等解毒剂解毒,同时进行强心和兴奋呼吸中枢等方式急救,若救治不及时会导致死亡。

为预防苦杏仁、桃仁、李仁等中毒,一定不要生吃这些果仁。如果因为治病(苦杏仁有治咳喘作用)需要,则应先用水浸泡 2～3 天,其间应至少换水 6～8 次,再煮熟后吃。

4. 亚硝酸盐中毒

我们平时吃的蔬菜里含有很多对人体无害的硝酸盐。但是,当这些蔬菜(最典型的是大白菜)或腐烂变质,或烧熟后存放过久,或腌制时间不够时,其中的硝酸盐就会受到硝酸盐还原细菌的作用,转变成亚硝酸盐。

亚硝酸盐的毒性作用在于:它能使血液中正常的血红蛋白转变成高铁血红蛋白,从而失去携带、运送氧气到全身去的功能,由此而产生严重的缺氧症状。亚硝酸盐中毒的主要表现有:口唇、指甲及全身皮肤出现青紫,并有头晕、头痛、乏力、嗜睡等症状;继而出现烦躁、呼吸困难和心率减慢等症状;最后发展到惊厥、昏迷,常死于呼吸衰竭。

亚硝酸盐中毒发病急、发展快、死亡率高,预防的关键是提高对亚硝酸盐中毒危害性的认识,不吃腐烂变质蔬菜,熟菜宜尽量现做现吃,腌菜不宜太生时就吃,尤其不要用腌菜汤煮粥,或者将腌菜水存放在不干净的容器中过夜,蒸馒头用的温锅水也不要喝,因为其中的亚硝酸盐含量也比较高。

亚硝酸盐中毒一般发生在食后 10～15 分钟。一旦发现中毒症状应立即洗胃以排出胃里的全部内容物,越快越好。亚甲蓝溶液是治疗亚硝酸盐中毒症的特效药,可静脉注射或口服。呼吸困难者应吸入氧气,还可静脉注射葡萄糖及维生素 C、三磷酸腺苷等,以促使高铁血红蛋白重新转为血红蛋白。

5. 豆浆中毒

豆浆的营养价值非常高,它的蛋白质含量可与鲜牛奶媲美。但是豆浆必须充分煮熟后才能喝,不能喝未煮熟的生豆浆,否则会发生中毒。这是因为制作豆浆的黄豆中含有一种叫皂素的大豆素和抗胰蛋白酶的有毒物质。这些有毒有害的物质只有在高温的环境下才被破坏。因此,豆浆要煮开后 5 分钟左右才能喝。喝了没有煮熟的豆浆后会发生中毒。中毒的初期可出现上腹部饱胀感或烧灼感,继而出现恶心、呕吐、烦躁不安、腹痛、腹泻等症状,大便多呈水样或泡沫状。重症病人可出现脱水、休克、呼吸麻痹、溶血性黄疸和血尿等。急救措施如下:

(1)如果饮用的生豆浆量很少,症状较轻者,无须服药治疗,只要适当休息、多喝些糖水,经过短时间的调理后可以痊愈。

(2)如果喝生豆浆较多,症状较重者早期应刺激喉咙催吐、洗胃,然后喝些牛奶或鸡蛋清;对于脱水的病人,可做静脉补液。除此之外,还须做对症治疗。

(3)有生命危险的病人,必须住院观察治疗,以免发生生命危险。

三、酒精中毒急救

其实,酒醉就是酒精中毒,只是程度较轻。血液中的乙醇浓度达到 0.05% ~0.2%时便出现酒醉状态。浓度达到 0.4%时,就引起重度的急性中毒而昏迷,并可发生呼吸衰竭而死亡。长期酗酒,可引起慢性酒精中毒,损害身体重要的器官。

饮酒后数分钟内,酒精就抵达大脑,使脑细胞功能减退。心肌也受到酒精的抑制作用,并为适应这种状态而加速心搏。举杯初饮时,会感到心情放松,实际上酒精却引起焦虑和不安。饮酒后身体感到温暖,实际上身体在散发热量,所以在严寒的环境中饮酒取暖反而更易冻伤。饮酒使人感到自己在待人接物和处理问题时更加自在而有分寸,实际上,酒精却减低了这种能力。只是饮酒的气氛、自己对饮酒好处的期望以及社会的习俗和观念,使人在心理上感到饮酒有好处。如果继续畅饮,酒精的血液浓度渐增,大脑中控制语言、视觉、平衡和判断的神经中枢开始紊乱,所以饮酒易引起过激和暴力行为,而判断力与反应时间的障碍往往造成车祸。酒精是在肝脏中分解而成为二氧化碳和水的,肝脏每小时只能分解纯酒精不到 10 克。如果此时继续痛饮,就会出现昏迷,进而可能引起呼吸衰竭而死亡。

虽然一般公认少量饮酒可减少冠心病发生率,但酒精中毒却会增加心肌发病的风险。长期酗酒会引起心血管疾病、脑萎缩、营养不良、中毒性肝炎、脂肪肝、肝硬化、性腺功能损害、胃炎、胰腺炎和精神障碍。酒精还可抑制免疫系统,使喉癌等发病率增加。孕妇饮酒数分钟后,腹中的胎儿就同样地受到酒精的损害。在西方国家,酒精是导致儿童弱智的已知的首要因素之一。酒不可与药物同服,尤其不可与安眠镇静剂和感冒药同服。酒精与任何药物同服所可能产生的协同作用,甚至可以致命。糖尿病、癫痫、疲劳和最近发生的疾病,均可使人对酒精异常敏感,少量饮酒也可引起不良反应。

一般的酒醉,表现为脸红、多语,失态者应该卧床休息,注意保暖。也可以催吐,使病人吐出胃内残余的酒,方法是用手指或勺把轻触其舌根。民间以醋解酒的做法有一定道理,因为醋酸在胃酸的催化下与酒精结合成酯,所以可能解去胃内残酒的后劲,但效果并不十分可靠,因为这种化学反应是可逆的,而且不少中年以上的人胃酸甚少。此外,米醋和白醋对胃粘膜刺激过大,可以引起化学性胃炎。所以,若要用醋,也必须稀释一下,用量也不要过多。

空腹饮酒常在饮后不久就出现头晕、心慌、冒冷汗、恶心呕吐、脉搏细速,常被人误认为酒醉,其实主要是血糖骤降所致。空腹时,酒精在胃肠道迅速吸收,而且在体内氧化并产生能量远比葡萄糖容易,从而抑制了肝糖原分解和糖原异生,减少了血糖的补充。所以,出现上述症状时应饮用糖开水,同时要保暖和卧床。重者应送医院。

饮酒后出现昏迷的要送医院抢救,因为此时血液内酒精含量已经颇高,若不洗胃、输液,可能会出现严重后果。

按照患者的反应程度,昏迷可分为浅昏迷、中度昏迷和深昏迷。浅昏迷与睡眠不同,睡眠时,人体有自主运动(如翻身、屈腿等动作),对周围事物和对光、声刺激能做出反应。在浅昏迷时,尽管咳嗽、吞咽和瞳孔反射等均可存在,但患者没有自主运动,而且对光与声音的刺激以及周围的事物不能做出反应。饮酒后出现浅昏迷,就应立即送医院抢救,因为此时所需的处理已不是非专业人士所能做的了,而且患者是否可能向深昏迷发展尚不可测。

四、药物中毒急救

药物中毒,以安眠药中毒最为多见,其中又以安定中毒较多。此外还有含有机磷的杀虫剂以及强酸、强碱等。有的属于误服,有的则出于自杀的原因。

凡药物中毒的,都应急送医院抢救。这里只介绍现场的紧急处理。由于医院在抢救时必须了解有无确切的过量服药史,以及所服药物的品种、剂量和服药时间,以便选择恰当的解毒剂,推测其严重程度和预后,所以误服药物的本人或发现药物中毒的旁人应尽量弄清这些问题,并带上药瓶、药袋或剩余的药去医院。

若病人清醒,可令其饮大量清水,用牛奶则更好,然后刺激舌根引吐。饮水和引吐要反复进行。服下强酸、强碱、煤油或汽油的病人,不宜引吐。对于服煤油或汽油的患者,先预服200毫升的植物油,然后引吐,再饮大量清水后再次催吐。如此反复多次后,再服炭末水。炭末可用面包或馒头切片烤焦后碾碎,加水调服,以吸附毒物。对强酸、强碱等腐蚀剂,可用大量牛奶和蛋清。普遍通用的解毒剂为:炭末加酽茶,再加镁乳(含氢氧化镁的乳剂)。但若患者已经昏迷(浅昏迷者可能尚能吞咽液体),不可强行灌入,以免造成窒息。这时只能在医院插管洗胃。

洗胃、输液、给氧、选用适当的解毒剂以及处理中毒所引起的昏迷、抽搐、脑水肿、肺水肿、呼吸抑制、循环衰竭等,一般只能在医院施行。但心跳和呼吸停止者必须立即就地进行心肺复苏。

安眠药种类很多,可分为巴比妥类和非巴比妥类。巴比妥类常用的有巴比妥、苯巴比妥(鲁米那)、异戊巴比妥等。非巴比妥类常用的药物有利眠宁、甲丙氨酯、安定、奋乃静、氯丙嗪(冬眠灵)等。

安眠药的不同,引起中毒的症状也不同,但引起中毒的原理基本都是抑制中枢神经系统,大剂量时直接抑制呼吸中枢。因此,安眠药中毒症状的共同点是头晕、无力、嗜睡、神志不清。重度中毒时出现昏迷、呼吸抑制、反射消失等。有些慢性中毒还伴有皮疹、食欲不振等症状。

安眠药中毒根据症状分为轻度中毒、中度中毒和重度中毒。一般轻度中毒无须治疗,慢慢可以恢复;中毒症状比较严重,服用药量比较大的,应及时送往医院救治,采取各种方法将药物清除体外,洗胃是常用办法。对意识清醒配合治疗者,可采取洗胃、催吐的方法;口服活性炭,将尚未吸收的药物吸附,然后用盐类泻药排泄出去。

安眠药不宜长年服用,以免产生安眠药的依赖性和慢性的蓄积中毒,对某些确实需经常服用安眠药者,应常变换安眠药的种类,以免对某一种安眠药耐受量大而不得不增大用量引起中毒。经常服用安眠药也不应突然停药,防止产生戒断症状,不利于治疗。在安眠药的管理上要做到家中不存放大量安眠药,同时这类药物要妥善保管,以防误服,服用安眠药一定要遵照医生嘱咐,不要自行增大安眠药的剂量。

第七节　外伤的救护

一、软组织损伤的救治

1. 擦伤

擦伤，是在跑、跳等活动时摔倒，或在冲击作用下与硬物相擦而形成的皮肤表皮创伤。擦伤时往往有出血，或有组织液渗出，局部会有较轻微的红、肿、热、痛表现。

擦伤是外伤中最轻的，但若处理不当会引起感染，使伤口久久不能愈合。原因是擦伤造成的伤口大都浅而脏，损伤面较大而不规则。

小面积擦伤，可用医用酒精或碘酒涂抹，一般不要包扎，但一定要注意保持清洁，局部暂时不要洗和浸水，防止继发细菌感染。涂擦药水时应先从创面涂擦，以此为中心，再逐渐往外周抹至超过创面3~5厘米。不能上下左右无顺序地胡抹，否则会将创面外皮肤上的细菌带入伤口内，引起感染和化脓。

大面积擦伤，先用生理盐水冲洗，如创面上有泥土、煤渣、沙砾等嵌入皮肤，要用消毒过的毛刷轻轻刷出，待创面清洁后，用凡士林油纱条覆盖，以绷带包扎。

关节附近的擦伤无论大小，最好都要包扎或用纱布敷盖，因为关节经常在运动，难免使创口污染。

2. 刺伤、切伤和撕裂伤

凡皮肤伤口是因钝力打击引起的，叫撕裂伤；因尖细物件插入引起的，叫刺伤；而因锐利物切开引起的，叫切伤。三种损伤都会在不同程度上造成皮肤和皮下组织的破损。

受伤以后，要先注意止血，即用消毒纱布垫敷在伤口上压迫一段时间，直到出血止住。有时，损伤口较大、较深，会伤及局部小动脉，故压迫局部良久仍血流不止。这时，需根据解剖部位压迫动脉达到止血目的。再如，眼眶、上颌和面部止血需压迫下颌动脉达到止血目的。例如，颈、口及咽部止血需压在甲状软骨外2.5厘米处；上臂和肩部止血可压迫锁骨上窝；下肢止血需用全手掌用劲压住腹股沟，等等。

上述压迫方法止血，目的在于为送医院救治争取时间，减少大出血危害。所以，在压迫止血同时，应抓紧时间做好送诊准备工作。

如果伤口不大，出血已止住，应使用消毒过的生理盐水洗刷局部，清除创面上的各种异物,小心剪除已糜烂的伤口边缘坏死部分,送医院做缝合手术。

如果伤口时间超过 8～12 小时,已有局部红肿热痛等感染、发炎表现时,医生一般不会立即缝合伤口,而是暂时使用凡士林纱布充填,或放置引流条后暂行包扎、覆盖伤口,待检查确诊无感染后再缝合。

伤口很深、很脏,或是由铁钉、铁锈物引起的,应到医院注射破伤风抗毒素。

3.挫伤

挫伤,是身体的某个部分在外来物体的直接钝性作用下造成的损伤,一般没有暴露向外的表面伤口。

挫伤以大腿与小腿前面最多见,背部、胸、腹、头部与睾丸等处也常发生。

挫伤的特点是表面不出血,但皮肤及皮下组织的小血管在钝性打击下破裂。这种内出血发生在皮肤可见瘀点;发生在皮内和皮下可见瘀斑;有时出血多,出血时间长,会积血而形成血肿。在出血的同时往往还有组织液的渗出,所以局部会出现肿胀。

挫伤引起的疼痛一般是初轻后重,持续 1～2 天。所以在受伤起初的几天内应减少活动,抬高患肢;局部可用冰袋冷敷;肿胀明显的可加压包扎;48～72 小时后再做理疗(如烤红外线)或按摩;待功能完全恢复后再逐步进行体育锻炼。

挫伤发生在头部时需卧床静息,注意是否出现脑震荡、脑挫伤等症状。挫伤发生在下腹部或睾丸可能伴休克表现,应先纠正休克,再做其他治疗。睾丸挫伤宜用三角带吊起,局部血肿可冷敷并卧床;病情若继续发展应及早就医。

4.拉伤

拉伤主要指肌肉、韧带撕裂伤,多发生在四肢关节部位,是骨关节周围的韧带、肌肉和关节囊等软组织因为突然用力,或受外力过度牵拉而发生的损伤。拉伤在很多情况下,应归咎于自身在活动前准备工作不充分,或活动的姿势及动作不正确。

拉伤后,局部会出现充血、肿胀和疼痛,活动受到限制。同时,拉伤处往往还会有一最大压痛点,肌肉痉挛紧张,触之发硬;如果动作需要主动收缩和被动拉长时,疼痛还会加重。

严重拉伤时,肌纤维会有部分甚至全部的断裂,引起非常明显的肿胀,皮下出现大片的瘀血,颜色乌青,收缩和伸长功能障碍,在肌肉断裂的地方可触摸到凹陷或某一端的异常膨大,这是因内出血和断端肿胀引起的。

处理拉伤的基本办法是休息、消肿和止痛。初拉伤时,往往有出血或者少量渗血,所以要暂停活动,抬高患肢,局部冷敷,若拉伤程度不严重,一般24～48 小时内即已停止渗血,所以可在两日后利用温热疗法(如敷热水袋)以促进消肿和吸收。烤红外线等理疗方法也很有效,但每次时间不宜太长(不超过 30 分钟),温度不能太高,以免再出血或加重渗出及水肿。

如果拉伤非常重,怀疑有肌肉大部或全部断裂,局部应加压包扎,然后立即送医院做手术缝合。

跌打丸、七厘散和其他活血散瘀类中药对治疗拉伤有良好疗效。

5. 扭伤

扭伤,是当关节在间接外力作用下,因做超常范围活动而造成的关节内外侧韧带损伤,以足踝关节和膝关节最常见。较轻时,少量韧带纤维被撕裂;重时大部或全部韧带撕裂。

扭伤时,局部的疼痛和肿胀常很明显,若伤及关节滑膜,则由于较多血液和组织液渗出,使关节出现肿胀,关节活动受限。有时受伤者自己会感到活动时关节内有"卡住"的感觉,这说明还有关节内其他组织(如半月板)的损伤,应及早就医检查,X 线拍片可帮助明确诊断。

由于扭伤是因为局部韧带受伤引起的,故局部有压痛,一加牵拉更是疼痛异常。如果韧带完全断裂,关节反而可以被完全拉开,出现超范围活动。扭伤时,处理原则与挫伤大致相似。如属韧带完全断裂,应尽早去医院做缝合固定手术。

扭伤当时应暂停活动,以减少渗血和肿胀,何时恢复活动要听从医生指导。原则上,不太严重的扭伤在疼痛和肿胀有所减轻后,就应开始活动,以防组织粘连。但若过早活动或活动不当,又会加重关节肿胀,使急性损伤转为慢性。如发展到关节囊有慢性增生时,关节肿大,反复出现疼痛,会明显影响关节功能。

扭伤恢复期的早期活动最好使用关节支持带或护具(如护膝、护腕等),保持关节稳定,避免发生再损伤。身体其他部位起支持带作用的物品还有围腰、弹力绷带、粘膏和纱布绷带等。

6. 急性腰扭伤

急性腰扭伤是比较常见的一种扭伤,多为损伤者弯腰提取重物时用力过猛,或抬运重物时动作不协调,或腰部急剧扭转等。在腰部肌肉无准备的情况下,突然强烈收缩,造成腰部肌肉、筋膜、韧带及关节等扭伤或撕裂。损伤一般以负重大、活动多的腰骶关节或骶髂关节为多见。

根据急性腰扭伤的组织操作情况可分为以下 3 种:

扭腰或闪腰。多为伤者弯腰提取重物,上下楼梯失足等造成腰部肌肉急性扭伤。伤后腰部出现剧烈的疼痛,不敢弯腰或直腰活动,活动后疼痛加重。

韧带的急性损伤。多为腰部急剧扭转或搬抬重物不协调时,韧带处于紧张状态,但因腰部肌肉收缩力量不均匀将韧带拉伤或撕裂。伤后在下腰部、臀部单侧或双侧可感刀割样剧痛,腰部活动受限,活动后疼痛加重。

腰部关节急性损伤。由于腰部活动不协调使腰部组织受牵拉出现关节韧带损伤造成小关节脱位。伤后腰部出现剧烈疼痛,有时疼痛可向下肢扩散,活动后疼痛加剧,因此伤员不敢弯腰或直腰。

急性腰扭伤的伤者应当立即休息,尤其是腰部急性损伤症状较重者应卧床休息2~3周;按摩推拿,腰部关节急性损伤脱位者,多可一次治愈;口服活血化瘀类中药治疗;损伤局部理疗;局部药物封闭;加强腰背部肌肉锻炼。

二、身体各部位外伤的急救措施

1. 口腔颌面外伤的紧急处理

口腔颌面居于人体的显露部位,很容易受到意外事故的损伤。严重的口腔颌面部外伤,常常有不同程度的窒息、出血、颅脑损伤等致命的并发症,但应分清主次和程序缓急,采取正确的急救措施。

首先处理窒息:解除呼吸道阻塞。清除口咽部的分泌物、血液、血凝块等。如有舌后坠可用缝线或大别针穿于舌尖后1.5~2厘米正中线处,把舌头拉出口外。改变病人体位,先解开颈部衣扣,使病人俯卧或偏向一侧,使分泌物更易流出。重者可迅速用粗针头由喉结下方刺入气管。

出血的处理:浅表的出血,可用消毒敷料加压包扎止血,或同时局部应用止血粉等药物。较大的出血,应用止血钳夹住止血,或连同止血钳包扎后转送医院。如头颈部大出血可在胸锁乳突肌中点前缘,以手触到搏动后,向后压于第六颈椎横突上。颜面部出血可压迫下颌角前切迹处的颌外动脉。如颞部、头顶、前颌部出血,可压迫耳屏前的颞浅动脉。

并发有颅脑损伤时,应严密观察病人的变化,如神志、呼吸、脉搏、血压、瞳孔等变化,明确病人是否有脑挫裂伤、颅内血肿等,并送有条件的医院救治。有呼吸困难或病情严重的伤员,护送时采取头偏向一侧仰卧或俯卧,以保证呼吸道通畅,防止误吸。

2. 手部外伤的紧急处理

手的结构复杂,重要的组织多而小,排列紧密,因此,常是几种组织同时受伤。

手挫伤及机械碾压性外伤:手外伤中常见的挫伤及机械碾压伤是闭合性手外伤的一种。损伤可见手软组织损伤、掌骨骨折、指骨骨折等。

手软组织损伤:是指间关节挫伤、软组织砸伤、挤压伤,局部表现肿胀或血肿形成,可伴有暂时性功能障碍。

掌骨骨折:多由间接外力引起因肌肉牵拉、骨折向桡背侧移位形成畸形,有的因骨折线通过关节面,并发腕掌关节脱位。

指骨骨折:是由于挤压、挫伤及碾压伤形成的,可产生不同的骨折移位。

开放性手外伤:是一种特殊型的损伤,是由于暴力或机械碾压造成的手损伤。其创口形态也不尽一样,可反映出锐器或钝器的特点。常见的开放性手外伤有皮肤撕脱伤、挤压伤、皮肤的缺损、指端外伤、神经损伤、肌腱损伤、血管的损伤、手和手指的离断等。

如果手部卷入机器内,应立即停止机器转动,切勿倒转机器,以免导致机械对手的再损伤;注意全身情况,如有休克应及时发现及时治疗;伤口包扎止血、止痛、功能位固定;对现场的断手或断指应用无菌纱布包好(如没有无菌纱布,可就地选用清洁、干净的毛巾及衣物包好),及时随伤员一起送医院处理。

3. 颈部外伤的紧急处理

颈部损伤和身体其他部位损伤相比较并不常见。因颈部分布着重要的血管、神经,又有气管、颈椎、甲状腺,所以颈部外伤是一种严重的外伤,常因血管破裂,大量失血,迅速引起死亡。

颈部外伤常见于锐器伤、枪弹贯通伤。

颈动脉损伤后,主要是大量出血,出血常呈喷射状,颜色鲜红,在短时间内可以致死。颈部大静脉损伤后,血呈暗红色,除失血外,空气可被吸入静脉直达心脏,更为危险。伤员立即出现颜面苍白、心慌、气短、头晕、恶心、口渴、冷汗淋漓,如抢救不及时可迅速产生严重后果。

对颈部血管损伤,现场的急救重点是临时止血;对动脉出血一般在创口近端扎止血带止血,或加压包扎;静脉出血或毛细血管出血可用一般加压法包扎止血,并迅速请医护人员进行急救。

4. 喉和气管的紧急处理

喉和气管一旦遭受暴力所致损伤,其发音和呼吸都可发生障碍,如不及时抢救可使伤者出现生命危险。

喉和气管损伤主要表现有呼吸困难,伤口有空气和泡沫样血液喷出,同时可伴有剧烈刺激性咳嗽,如血液进入气管可出现窒息。

喉和气管损伤的急救:解除吸入性窒息,保持呼吸道畅通;如气管受伤,无大量出血,局部进行清洁处理,清除异物,堵住伤口,盖上消毒纱布,送医院处理;抗休克治疗,止痛、止血、输血。

5. 胸部外伤的紧急处理

胸部外伤按致伤原因和受伤情况常分为闭合性和开放性两类。

在胸部损伤中,肋骨骨折比较常见。肋骨骨折多由直接暴力或间接暴力撞击胸部,受力处肋骨向内弯曲而折断。

发生肋骨骨折时,伤者感到伤处有明显的疼痛,深呼吸、咳嗽或体位转动时疼痛加剧;局部可触及骨折断端,叩打时可发现骨擦音;肋骨断端如刺破胸膜和肺脏可发生气胸或血胸。

对肋骨骨折的伤者,可口服或肌注止痛药;用橡皮膏固定胸壁;给抗炎药物预防肺内感染。

除了胸部骨折之外,胸部外伤还常伴有气胸。气胸多因胸部损伤时,空气由胸壁伤口或肺、支气管、食管破裂口进入胸腔,形成操作性气胸。可出现咯血、胸闷、呼吸困难、气急等。

损伤性气胸有三种类型:

闭合性气胸。指气胸发生后,进入空气的伤口迅速闭合,空气不再继续进入胸腔。闭合性气胸可以使伤侧肺部分或全部萎陷。小量气胸,无须特殊处理,可自行吸收;大量气胸,需要进行胸腔排气,可进行闭式引流,同时给抗炎药物预防感染。

开放性气胸。空气可随呼吸进出于胸腔,严重影响呼吸及循环功能,主要表现为伤后疼痛、缺氧。进行急救时应迅速封闭胸壁伤口,变开放性气胸为闭合性气胸;呼吸困难时,需做胸腔穿刺,排气减压;有条件时供氧输液。

张力性气胸。常见于支气管断裂或损伤组织形成活瓣,空气只能进入胸腔而不能排出,纵隔向健侧移位,造成严重呼吸困难。病人缺氧、躁动不安、发绀,可伴有咯血和休克及皮下血肿。张力性气胸的急救,应立即排出气体,减低胸腔压力;在保持闭式引流状态下,开胸探查修补裂伤;气胸在紧急情况下,如无厚敷料,可用较清洁衣服盖住伤口使之不漏气,再送医院治疗。

6. 腹部外伤的紧急处理

腹部损伤是常见损伤之一,可分为闭合性损伤和开放性损伤两类。

腹壁损伤是腹部损伤的一种。单纯性腹壁损伤与其他部位软组织损伤相似。但是开放性腹壁损伤因损伤已穿透腹膜,造成腹腔内污染,有的也可引起腹膜改变。损伤后出现出血、腹痛、触痛及腹肌紧张等症状。

对开放性腹部损伤,若有肠管脱出,暂不还纳,以防污染腹腔,应先用急救包或敷料遮盖保护,敷料外扣以饭碗或类似的东西,在碗外加以固定包扎,使脱出的内脏不受压迫和防止继续脱出;腹腔内脏器的损伤原则上都需要进行开腹探查手术,并用抗生素防止感染。

三、常见小麻烦的处理

1. 下颌关节脱位

下颌关节脱位俗称"掉下巴",最常见的是向前脱位。下颌关节脱位时,关节疼痛,下颌常呈前伸状态,不能闭合,病人发音不清,吞咽不便、流涎、咀嚼出现障碍。

下颌关节脱位时,可使用以下手法复位:病人取坐位,头靠椅背,施救者立于其前方,两手拇指缠以纱布,平放在下颌磨牙的咬合面上,其余四指托住下颌,拇指向下加压,使下颌体充分向下,然后再将下颌骨向后上方推进,使关节头(髁状突)回纳到下颌关节窝内。

2. 异物入耳

外耳道异物常以小儿多见。小儿常爱将小的异物如豆类、珠子、纽扣、火柴棒等物塞入耳内,夏日露宿亦偶会有小虫进耳。这时,家长千万不可惊慌失措,更不可用手指或发卡等物去乱掏、乱挖,以免将异物推到更深处去,损伤外耳道及鼓膜。

一般进入耳道异物体积小的,可存在外耳道里长期无症状。豆类、种子等植物性异物可吸水胀大,阻塞外耳道导致听力障碍。昆虫入耳后,可引起耳疼、耳鸣和听力障碍,使病人和家属恐惧不安。

圆形异物应当用耳勺取出,切勿用镊子等物乱夹乱掏,活虫入耳后可滴白酒和植物油将虫杀死后用水冲出或镊出;也可用一支小牙签一头卷上棉花,蘸上粘力较强的胶水,粘住异物后取出;也可在黑暗处,将手电对准耳孔将虫诱出。倘若异物硬大嵌顿于耳道,应立即去医院诊治。

如果生石灰入耳,则不可用水冲洗,应用镊子夹出或用棉花棍将石灰拭出。

3. 异物入鼻腔

鼻腔是指前后鼻孔间的空腔,两侧对称,为鼻中隔所隔离。此腔上窄下宽,在鼻腔侧壁上长有3个鼻甲(上、中、下甲),又构成上中下3个鼻道,异物多在此处停留。小孩在玩耍时常无意识地将异物塞入鼻腔,成人多半是发生意外,如金属片、玻璃片、钉头等穿过鼻腔而入内。一般异物进入鼻腔大都停留在鼻腔口,也就是在鼻前庭处。如果成人可以自己压住另一侧的鼻孔,用力擤鼻涕,异物可随气流冲出,年龄较大些的儿童也可试用此法,较小的孩子做不好擤鼻涕的动作,反而会将异物吸入深部,故不要用此法。如异物已进入鼻腔,特别是圆形或椭圆形的异物,如果核、黄豆、小纽扣、小球等,绝对不能用钳子、镊子自己乱夹,有时越钳越深。如果是尖锐的异物,应该立即送医院急救。

4. 鼻出血

流鼻血是人们经常能遇到的事。小孩不慎摔倒、碰撞、发热等原因常会引起鼻出血;成人高血压、挖鼻孔、感冒、过敏、擤鼻涕亦可引发鼻出血,或者由于气候干燥,鼻黏膜失去水分,使鼻腔细微血管破裂而出血;饮酒过量(酒精促使血管扩张)、动脉硬化、血液性疾病都是引起鼻出血的原因。

鼻出血时最好立即平卧,头向后仰,这样可使鼻黏膜下的末梢血管里血量减少,出血速度减慢,为血小板、凝血酶原发挥凝血作用争取时间。少量出血时,以冷湿毛巾敷在前额,并不时更换,同时,可用干净棉花浸透冷水后敷在鼻梁骨的两侧,还可以用干棉花条塞入鼻孔,堵塞压迫住破溃血管口,并改用口呼吸,可加快凝血过程。出血较多,势头较猛时,可以在棉条上滴几滴麻黄素或肾上腺素液,利用它们强烈的收缩血管作用,很快止血。有时,还可用双指紧紧压住眼角与鼻根间的面部小动脉,或紧捏两侧鼻梁,同时张嘴做深呼吸,效果更好。

如果是一侧鼻孔出血,可用手指压迫出血侧鼻腔。倘若出血是双侧则可用手指捏紧鼻子多肉的部位 5 ~ 10 分钟。此时,暂用口呼吸,千万不可紧张憋气,要有耐心。

如血从嘴里吐出常为鼻后孔或后部出血,要速去医院治疗。止住鼻血后24 小时方能愈合,千万不可再擤鼻涕和抠鼻孔,避免再度引起出血。

如果鼻出血反复多次,或每次止住出血的时间都很长,或鼻出血同时伴有明显外伤时,应及时去医院耳鼻喉科做进一步检查。

5. 异物入眼

常见眼异物主要有两种:一是结膜异物,即是在眼皮里的异物,这是最多见的一种。异物进入眼皮后,人会不自觉地眨眼,异物常被推向上眼睑而藏在上睑下一个被称作上睑下沟的地方,该处有丰富的神经末梢,从而引起异物感、疼痛、流眼泪等症状。二是角膜异物,即是黑眼珠上的异物。由于角膜位于眼睛的最前面,而且大部分暴露于外面。因此凡是细小的异物甚至稻穗、麦壳都能进入角膜,而且常易发生感染而影响视力。

眯眼后很难受,一般人都要自觉或不自觉地用手揉眼睛,事实上揉眼睛会加重不适感,还有可能造成眼部损伤,更不能用头发、锐器去刮眼睛,因为头发、锐器很脏,有很多细菌附着其上,容易感染,同时也容易将角膜刮破,造成不良后果。

眯了眼睛时可应用下列方法处理:轻轻睁开眼睛,让泪水流出,带走异物;按疼痛部位翻开眼皮,请人仔细查找异物,如异物在结膜上可用柔软、清洁的手帕或棉棒轻轻擦去;冲洗眼睛,把凉开水或凉水放进茶壶里,用手剥开上下眼皮用茶壶里的水彻底冲洗眼睛。经上述方法处理,眼睛疼痛感觉减轻,无异物感、不流泪,说明异物已除去,可自行上新鲜的消炎眼药水,如氯霉素眼药水点眼即可。

通常能用上述方法冲掉的异物都属于结膜异物,角膜异物则冲不去,时间长了不取出异物还会引起角膜炎症。异物若是玻璃、烧屑、碎石,一般还可引起化学反应,若是铁屑、铜屑及其他金属残渣,会在角膜周围沉着,后果严重。所以异物如果在角膜上,最好到医院处理,不要自己取。

若是异物以高速度进入眼内,如磨砂轮时铁屑飞入眼内,则应及早到医院检查,用手术方法取出眼球内异物。

四、动物伤害的处理

1. 狗咬伤

被健康的狗咬伤,属一般性外伤;但若被疯狗咬伤,则会得狂犬病,严重时危及生命。

狂犬病是因狂犬病毒进入人体后所引起的急性传染病,通常自咬伤时算起,有短则2周、长则达数年的潜伏期。发病的主要症状有烦躁不安、抽搐、角弓反张和牙关紧闭等,更为突出的症状是怕风和恐水,表现为喝水、见水甚至听到水声即引起咽喉痉挛和全身抽搐,所以又叫"恐水病"。狂犬病的治疗关键是及早处理好被咬伤口。

一旦被狗咬后,应立即送医院认真处置伤口,扩创后用高锰酸钾溶液或过氧化氢冲洗,用负压拔火罐或真空吸吮器吸出毒液,伤口上方3~5厘米处用止血带扎住,但须注意每15~20分钟松解一次以防肢体缺血坏死。

将咬人狗捕获观察,以确定是否为疯狗。疯狗患此病后一般都有性情突变、狂躁易怒、狂吠或乱咬家禽等表现,可资鉴别。

但是,为慎重起见,凡属狂犬病的疫区,被狗咬后均应及时上报防疫部门,并做狂犬疫苗和破伤风抗毒素注射。

2. 蜈蚣咬伤

蜈蚣咬人后,体表会留下一对孔状伤口,同时放出毒液,使伤口发炎,出现局部红、肿、热、痛症状。蜈蚣身体越大,往往毒性也越大,引起的局部症状越明显,有时,还会出现恶心、呕吐和头昏等全身中毒现象,但一般无生命危险。

被蜈蚣咬伤后,要立即冲洗伤口。因为蜈蚣的毒液呈酸性,所以一般应以5%~10%的碳酸氢钠(小苏打)溶液或肥皂水等碱性液体冲洗,冲洗宜反复多次,洗毕可涂上3%的氨水。一般用碱性液体将伤口冲洗得越彻底,局部症状消退得越快。

如处理后仍有局部剧痛,也可口服止痛片,或做0.25%普鲁卡因伤口周围封闭。

3. 蜂蜇伤

蜇人的蜂有蜜蜂、黄蜂(马蜂)和土蜂等,其蜂尾有毒腺相连,蜇人后不但皮肤内会遗留毒刺,毒腺还会喷放毒液,引起伤口红肿,有灼烧感和痒感,伤口中心还常有小出血点或水疱。

更重要的是,多数蜂蜇伤后引起发烧、头痛、恶心呕吐等中毒症状。对一些过敏体质的人,还会引起荨麻疹,嘴唇和脸部、眼睑等处水肿和哮喘等症状,但只要治疗处理得当,一般无生命威胁。不过,有的大黄蜂蜇人后,会引发休克症状,造成严重呕吐、脉搏细速、全身震颤、神志昏迷、血压下降等,可继发呼吸肌、心肌麻痹而死亡。

被蜂蜇后首先应拔除毒刺,然后清洗伤口。蜜蜂的毒液为酸性,故以涂碱性 5% ~ 10% 碳酸氢钠溶液、肥皂水及氨水为好;黄蜂、土蜂的毒液属弱碱性,伤口上宜涂抹食醋、柠檬汁或稀盐酸。发生严重全身中毒症状的,千万不要掉以轻心,除对症处理外,应赶快送医院急救。

4. 蝎子蜇伤

蝎子蜇人时,毒钩迅速刺穿皮肤,进入皮下组织,毒液随之流入伤口。蝎子越大,毒性越大,引发的中毒症状越严重。较轻时,只有局部烧灼痛、红肿、麻木,有时出一点血,一般 3 ~ 4 小时后症状即缓解。中度严重者除了上述局部症状外,还有头痛、恶心呕吐、体温下降、乏力昏睡、出虚汗和口部肌肉强直感;少数病人还会出现哮喘、迎风流泪、怕光等现象。严重的时候,全身有抽搐表现,有些幼儿常会因心肌、呼吸肌麻痹而死亡。

被蝎子蜇伤后,要马上拔出毒钩,然后用 0.1% 高锰酸钾溶液或 3% 氨水(若现场没有,生理盐水亦可)反复冲洗伤口,然后利用局部麻醉剂 0.25% 的普鲁卡因在伤口的上方进行封闭,以阻断毒液沿淋巴管上行。

出现明显的全身中毒症状时,可应用氢化可的松、葡萄糖酸钙、阿托品等治疗,并送医院做进一步观察、诊治。

5. 毒毛虫性皮炎

所谓毒毛虫,主要有松毛虫、桑毛虫和刺毛虫等。这些毛虫身上遍布很小的毒毛,毛内有空心管,内有毒液。当毒毛随风飘落在人体的裸露部位时,即引起毒毛虫性皮炎。

桑毛虫生长在桑园或果园,毒毛随风飘飞,落在皮肤上片刻,即引起局部奇痒,继而出现绿豆大小的斑丘疹或风团块;毒毛吹入眼睛,常引发结膜炎;毒毛吹落在室外晾晒的衣被上,会引起人的臀部、下肢的皮炎等。

松毛虫生长在松树林,毒毛主要来自其幼虫,除引起和桑毛虫相似的皮炎外,其毒液还会引起手部和足部的小关节发炎。

刺毛虫以城市绿化树木为主要栖生地,在城市中多见。刺毛虫的毒毛在某些体质过敏的人身上,会造成小丘疹性皮炎,周围有红晕,皮肤刺痒如火灼。

毒毛虫性皮炎症状持续 1 ~ 3 小时,可在局部涂抹皮炎软膏、清凉油和风油精等;也可用胶布反复粘贴患处,将刺在皮上的毒毛粘出。对毒毛有明显过敏反应者可少量服用苯海拉明或异丙嗪。

6. 毒蛇咬伤

我国有蛇类 150 余种,其中毒蛇占 50 余种,能致死者有 10 余种。蛇毒分为神经毒素和血液毒素两个大类。神经毒素可引起呼吸麻痹。伤者多在咬伤后 30 分钟~2 小时发病,出现头晕、恶心、视力模糊、语言不清、呼吸困难,甚至呼吸肌麻痹,但伤口不红不肿,疼痛轻,流血不多。血液毒素可引起溶血、出血、凝血和心力衰竭,伤口痛如刀割,流血不止,肿胀明显,周围皮肤呈青紫色。

毒蛇咬伤留下的两个毒牙痕,是可靠的诊断依据。无毒蛇咬伤后留下的是两排细牙痕。毒虫螫咬伤均无牙痕。

伤后立即用止血带、皮带或布带在伤口近心端缚扎,每隔 15~30 分钟放松一次,每次放松 2~3 分钟。同时就地取清水冲洗伤口,用生理盐水或高锰酸钾液冲洗更好。此时若发现有毒牙残留必须拔出,用吸奶器、拔火罐吸出毒液。最好把伤肢放在冷水中,同时不断地用吸奶器吸毒。在以上抢救过程中,尽快寻求蛇药口服,并急送附近医院。

第二章 自我保护常识

第一节 面对侵害事件的应对措施

一、如何应对侵害事件

大部分的侵害事件的发生大多事先有某种预兆,如被骗案件、部分被窃案件,还有在经济交往中的某些侵害案件。那么如何应付已发生或将要发生的侵害事件呢?

首先应从某些疑问,也就是预兆的主观反映入手,分析这些疑问,比如,分析对方为何不当让利;分析对方为何注意自己携带的财物;分析对方为何过分地友好热情等等,然后采取自我防范措施。

要正确预计侵害能否发生,怎样发生以及发生后的结果,采取必要而有效的防范措施进行自我防范。措施包括:

避免法:只要是能够避免的侵害,首先应选择避免法,如设在公共场合的骗局和登门行骗,都可以采用避免法加以防范;

解脱法:对于已经身陷侵害之中,但侵害尚未完全开始,尚有解脱机会的侵害应采用解脱法;

反抗法:对于已经发生的侵害,如果罪犯与自我在力量对比上无明显差距或自我力量略强于罪犯力量的情况下,应采用反抗法;

服从法:对于侵害已经发生而罪犯力量明显大于自我力量,使用反抗法将招致更大伤害的,应采用服从法,以损失财物为条件换取自我生命安全,但如对方的侵害意在自我生命,绝不能采用服从法;

求助法:侵害发生的现场或现场周围如有其他人,应向其他人进行求助,求助时应向其他人简要地讲明自己正在受到侵害的性质,紧急情况下应直接呼喊

"救命",以引起其他人的重视。

侵害事件发生后应首先弄清自我受到了哪些侵害,如身体受到伤害,应自我检查身体伤害程度,然后就近向公安机关报案,报案时应积极与公安人员相配合,全面回答公安人员询问的问题,为尽快破获案件,尽早抓住罪犯提供有价值的线索。

二、受到侵害后如何保护自我合法权利

公民的合法权利受到侵害后,应当主动、合法地及时采取一系列措施,保护自己的合法权利不继续受到侵害,防止侵害后果的扩大,及时获得赔偿,制止和惩罚犯罪。

公民首先对违法行为不应采取逆来顺受的态度。自己的合法权利受到侵害或将受到侵害时,国家法律赋予了保护个人权益的权利,公民就应主动与违法行为做斗争。

第二,要采用合法的手段,在一定限度内保护自己的合法权利。每个公民的合法权利都受到国家的保护,因此,采取行动时一定要注意行动是否合法,并要掌握一定的限度。比如,一个人受到抢劫,此人连忙拾起砖头自卫,将抢劫犯打倒,本来可以罢手,但其觉得不解恨,又上前连击抢劫者头部数下使其死亡,此时,遭抢劫者会因防卫不当致人死亡而受到刑法的处罚。

第三,公民应及时采取保护行动。比如上例中的正当防卫行为应当是在抢劫行为发生时采取,而不能只因看一个人像抢劫犯,或"他好像要抢我"而主动采取措施。又比如在一些民事行为中要注意时间问题,有些权利如果在一定时间内不行使的话,则等于自动放弃了自己的权利,也就不再受法律保护。

第四,公民应正确选择自我保护的途径。当公民的合法权利受到侵害时,公民应当正确选择保护的途径,如果选择途径错误往往造成所谓"无处告状"的局面,或者造成多个机关做出不同决定,事情被拖延的局面。至于遇到具体问题时应向何处寻求保护则要具体问题具体分析。这里只举个例子,比如主因产品质量问题造成侵害后想要获得赔偿,大家往往会想到消费者协会,但消协属于社会团体,无权要求企业赔偿消费者钱款,而只能向消费者提供参考信息,帮助消费者与厂方联络,帮助消费者诉讼等方面的服务,而消费者的实体权利——赔偿款则需要国家有关部门的裁决或判决,具体机关如人民法院。

总之,应正确选择保护途径,这些问题往往一名律师就能解答。因此在一些问题不清楚,或选择途径失误时最好到律师事务所进行咨询。

三、如何应对敲诈勒索

敲诈勒索他人财物的事件在社会生活中时有发生,犯罪者在进行敲诈勒索时经常使用一些威胁或要挟性的语言,迫使对方交出财物。

敲诈勒索一般有两种方式:一种是采用电话或信件的方式;一种是当面方式。一般地说敲诈勒索的犯罪分子并不可怕,他们不敢危害被敲诈人的生命安全,主要目的是获取钱财。只要敢于斗争,并取得公安人员的协助,犯罪分子是可以被战胜的。

遭到敲诈勒索时可以采取以下措施进行自我保护:

对于以信件或电话方式进行敲诈的犯罪活动,首先应克服恐惧心理,不要被犯罪者的威胁所吓倒,然后立即向公安机关报案。报案时应毫无保留地回答公安人员所提出的问题,帮助公安人员分析敲诈者各方面情况,协助公安人员破获案件。切不可以息事宁人的态度,顺从地满足犯罪分子的要求,要知道犯罪分子是欲壑难填,第一次得手,就可能有第二次。如果犯罪者以掌握被害人的某些隐私或某些错误为要挟来敲诈被害人,那么被害人千万不要顺从和屈服。最明智的办法也是向公安机关报案。

当面敲诈时,罪犯一般是先采取诬陷的方式,使被害人陷入某种不利的境地,继而进行敲诈勒索。比如有些犯罪分子就是利用名酒瓶装上劣质酒,故意使被敲诈人将其撞碎,然后进行敲诈勒索。遇到这种情况,被害人应稳定情绪,分析刚刚发生的事情是否合情合理,对方是否是在讹人,如确认对方是在对自己进行敲诈,应向围观人群讲述道理,争取公众同情,或要求对方到公安派出所去讲理,或向路上巡逻的巡警报案。

犯罪分子进行敲诈勒索的方式很多,要从根本上避免被敲诈,还必须增强自我保护意识,减少自身过错,克服贪欲等不良心理,从而杜绝此类事件发生。

四、钱款、物品丢失了怎么办

钱款和物品丢失的事情经常发生,这里的丢失包含着两种含义:一种是因自身疏忽而造成的遗失;一种是被窃。一旦发生了钱物丢失的情况,首先要冷静回忆丢失物品前后自己所处的位置、做了哪些事,不应让紊乱的心绪影响了思路。具体的回忆方法是从自己确认钱物在手至钱物不见这段时间里,回忆自己的各项具体活动,为自己的活动定时、定位,并可采用列表回忆的方法来准确地回忆自己的活动。

如经回忆后确认物品不是被盗而是丢失,而且已经回忆起丢失的地点、场所,应迅速返回寻找,询问丢失地的业主或其他常在此处的人员是否有人拾到某种物品,如有广播可进行广播寻找或写出寻物启事,在火车站、码头、机场等公共场所还可以在寻物板上留言并写明遗失人的姓名、居住地、联系办法,同时去公安派出所或场所治安保卫部门进行查询、报失。

确认物品是被盗时应及时到当地公安机关进行报案,请求公安机关进行侦破,报案时应讲清失窃地点,是否有可疑人,丢失的物品的名称、数量、颜色、规格等特征,以便公安机关侦破和寻找。

丢失的物品中,如有机密文件应报告公安机关;如有存款单、股票等应立即挂失;如有支票应向银行挂失或登报声明作废;如有证件、介绍信、公章应登报声明作废。以上紧急处理措施可以减少损失,因此遗失人应迅速做出反应。

五、交通肇事受害者如何获得赔偿

交通肇事是人生的一个灾难,对于受害者来说,交通肇事带来的不仅是肉体上、精神上的痛苦,还包括财产上的损失,严重的甚至影响到受害者以后的工作和生活。对于受害者来说,损害已经造成无法挽回的后果,但大部分受害者不知道如何索赔,其实,交通肇事中索赔涉及的问题主要是索赔的项目和索赔的申请机关。

交通事故是指车辆驾驶人员、行人、乘车人以及其他在道路上进行与交通有关活动的人员,因违反《中华人民共和国道路交通安全法实施条例》和其他道路交通管理法规、规章,造成人身伤亡或者财产损失的事故。因交通肇事造成损害,应予赔偿的项目包括:医疗费、误工费、住院伙食补助费、护理费、被抚养人生活费、交通费、住宿费和财产直接损失。

作为交通肇事的受害人,务必保存好费用收据,因为处理事故的机关是根据受害者提供的费用收据进行分析、判断,确定赔偿的数额,因此受害者遭遇事故之后,在治疗的同时应克服激动等不冷静的情绪,理智地保存好有关收据,请有关机关处理,以免使自己受到更大的损失。

至于索赔的机关,应该是交通部门,也就是本市或本地的交警支队事故处或交通队的事故科。

一般来说,交通事故发生后,交通部门的人员得知后便会来到现场进行勘查,然后根据勘查情况召集事故双方调查处理,因此,作为受害者,最主要的是要保存好有关的收据、证明并记住索赔的项目。

第二节　防火安全

一、日常生活的防火安全

火灾是对人类生命和财产构成严重威胁的事故之一。其中有一部分火灾是由于人们不注意防火安全造成的,因此每个人在日常生活中都应加强防火安全意识,做到以下几点:

1.加强安全措施,消除火险隐患。居住环境要清洁整齐,不要堆放许多易燃物,尤其是门口、窗台两侧及楼道,如堆满杂物,既易引发火灾,也阻碍火灾时的撤离。

2.注意用火安全,无论是使用燃气、煤、电、油、柴草、沼气等燃料做饭或取暖时都应如此。用火时人不应离开,用火毕要关掉气源,灭掉柴灰,封好炉子。用油锅炒菜或炸食品时,火不能烧得太旺。用火笼取暖或烤衣物,要防止打翻或引燃。

3.使用油灯、汽灯、蜡烛照明,注意不要让其倾翻。不能用蜡烛照明到床下、杂物堆中寻找东西。

4.吸烟是引起火灾的主要原因之一。不要躺在沙发上、床上或在有可燃气体、易燃液体蒸气散发的场合吸烟,或乱扔烟头、火柴梗等。

5.烟花爆竹也容易造成火灾。不要在禁止燃放烟花爆竹的地方燃放,尽量选择那些安全系数高的产品,在没有易燃物的空地上燃放。

6.安全使用家用电器。选购安全合格的家用电器和电器配件(插座、电线、开关等)。使用电器时人不能离开(如使用电熨斗时人若离开,极易造成温度过高而引燃衣物),使用完要拔掉电源插头。

7.家庭中要配备小型灭火器,放在厨房或房间里。要知道正确报告火警的方法。全国统一的火警电话为119。报火警时要说明火灾发生的地点、时间、单位、火势大小,并说明自己的姓名、住址,然后到街口或最近的路口等候引导消防车。

二、家庭防火安全须知

火的危害是人所共知的。但在日常生活中,人们常常忽视许多容易造成火灾的小细节。在家庭防火中,特别应该注意以下几个方面:

1. 管好火源。液化石油气灶要放在厨房或单独的房间里,不要和炉火在同一个房间使用。房间要保持通气良好。无论使用液化石油气灶、煤气灶还是炉火时,人都不可离开,发现漏气或意外事故要及时采取措施。另外,易燃品要远离火源,如炉火旁不要放置白酒、酒精、煤油、易燃化工品等。

2. 及时关闭电源。电器不使用时要拔掉插销,如录音机、电视机等,这样对防止火灾或短路烧坏电器有一定效果。还要注意使用电器设备不要超负荷,不要随随便便更改或乱拉电线。

3. 教育儿童不要玩火。火柴、打火机等引火物要放在儿童拿不到的地方,不要让孩子单独待在家里。

4. 燃放鞭炮、使用蚊香都应远离可燃物质。鞭炮炸碎后的纸屑有些是带火的,如果随风飞扬,落到可燃物上,极易引起火灾;蚊香应用金属支架支起来放到地面或不燃的物体上,与床单、蚊帐、窗帘、书报等可燃物保持一定的距离,以保证防火安全。

5. 吸烟要注意防火。吸完烟时要把烟头掐灭,不要随手将烟头扔在废纸篓里或随便放在什么地方。尤其应注意勿把烟灰掉在沙发、被褥、衣物、书报上。不要躺在床上、沙发上吸烟,也不要在酒后吸烟,以防因神志不清而将烟头掉落或乱丢。还应注意不要往窗外或阳台下扔烟头。

6. 家中不可放置汽油、大量鞭炮等易燃易爆物品。储存棉花应注意防潮、防油污。棉花导热性能差,热量不易散发。如果放在箱、柜等通风不良或闷热的环境中容易自燃。

7. 楼房阳台不要堆放废纸、木料等可燃物质;楼道要通畅,不要堆放物品,以利火情发生时人员疏散。火灾初起阶段,一般燃烧面积很小,火势较弱,在场人员如能及时地采取正确的灭火方法,就能迅速将火扑灭。

三、制订住宅安全疏散方案

住宅发生火灾时,房间里浓烟、温度和氧气如果达到了人们所能忍受的极限状态(指干燥空气中温度上升到 $300℃$,一氧化碳浓度达到 1% ,二氧化碳浓度达到 12% ,氧气含量下降到 7%),或其中任何一项达到了极限值,人们的生存可能性就很小了。

国内外消防科研部门通过实验,模拟住宅起火时的不同情况,测试出住宅火灾从初期阶段发展到猛烈阶段约需 $5\sim20$ 分钟。由此可见,住宅一旦起火,烟雾和温度等很快就能达到人员安全疏散的极限状态,可供人们逃生的时间是很短暂的。

那么,怎样才能使人们在住宅失火时,迅速安全地脱离危险呢?最好的办

法就是未雨绸缪,事先制订一个安全疏散方案。此方案可按下列步骤制订:

首先,确定住宅内外所有可供疏散的出口。这些出口是指发生火灾时能使家人脱险的门、窗、阳台、平台、天窗、走廊和过道等。由于火灾的发生很突然,因此住宅内的安全疏散出口多多益善,而且所有的疏散出口必须保持昼夜24小时畅通无阻(窗户上安装的防盗铁网和铁栏杆应是活动的,可以向里或向外打开,在里面安装插销);设有门锁的门,钥匙应插在锁眼里或放在随手可取的地方;较高的窗口下,应放置桌椅板凳等垫脚物。

其次,绘制住宅平面布置图。用一格子纸按比例绘制出住宅平面图,标出所有出口的位置,包括出口外的地形地物和可供利用的建筑结构等。如果是楼房,还要绘制分层图。用红笔标出每间房屋的主要出口、通道和疏散路线,用蓝笔标出备用出口、通道和疏散路线。

最后,写上安全疏散时的注意事项。主要有以下几点:

1.睡觉时被烟呛醒,应迅速下床匍匐爬到门口,把门打开一道缝,看门外是否有烟火,若烟火封门,千万别出去! 应改走其他出口。通过其他房间后,将门窗关上,这样可以起到隔烟隔火,延缓火势蔓延的作用。

2.不要为了抢救家中的贵重物品而冒险返回正在燃烧的房间,这样很容易陷入火海;从睡梦中惊醒后,不要等穿好了衣服才往外跑,此刻时间就是生命。

3.当人们被烟火围困在屋内时,应用水浸湿毯子或被褥,将其披在身上,尤其要包好头部,最好能用湿毛巾或布蒙住口鼻,搞好防护措施再向外冲,这样受伤的可能性要小得多。

4.向外冲时,假如人们的衣服着火,应及时倒地打滚,用身体将火压熄。如果衣服着火者只顾惊慌奔跑,别人应将其拽倒,用大衣、被子、毛毯等覆盖他的身体,使火熄灭。

将制订好的安全疏散方案复写若干份,分别贴在卫生间和卧室门后,使家人和来客能够常见熟知,发生火灾时,起引导作用。

家中每个人都必须牢记安全疏散时的注意事项,熟悉每个出口,每隔半年按方案确定的出口和疏散路线进行一次家庭防火演习,这时可别忘了教会孩子们。

四、日光灯火灾事故的防范

日光灯通电后并不怎么烫手,然而它却有引起火灾的危险性,这是因为日光灯上的镇流器。镇流器是由硅钢片做芯子,绕上绝缘漆包线圈后,装在一个充满沥青绝缘剂的铁盒内做成的。镇流器的作用是降低电压限制电流,当日光灯通电后它会逐渐发热。如果把它靠近天花板或可燃的材料上,在通风不良、

散热条件不好的情况下,因热量增大,温度升高,往往烤着镇流器上的尘埃,或引起可燃性的天花板等物起火。预防措施有:

1. 正确选择照明灯具和线路。

2. 加强照明灯具的维修和保养,防止火灾发生。

3. 保持照明灯具与可燃物的距离。

4. 安装日光灯时,必须使镇流器与电源电压、灯管功率相配合。镇流器是发热体,安装位置也应考虑散热和机械承重;启动器应根据灯管功率来选用,应采取防灯管脱落措施,灯架与顶棚应保持一定距离,以利通风和散热等。

5. 日光灯和高压水银灯的镇流器安装时应保持通风、散热和可靠隔离,不能将镇流器直接固定在可燃的天花板、墙壁和木架上。

6. 各种照明灯具安装前应对灯座、挂线盒、开关等零件进行检查,检查质量是否符合标准。各零部件的电压、电流、功率必须匹配,不得过电压或过电流。

7. 照明线路的导线与导线之间,导线与墙壁、顶棚、金属构件之间,以及固定导线的绝缘子之间,应有符合规定的间距。而且照明线路不可随意接入大功率的负荷,比如电炉、电热器、空调和大功率灯泡等,防止线路过负荷。

8. 合理选择导线截面,截面应满足输电容量和敷设条件的要求,定期测量和检查照明线路的负荷,发现负荷增大应及时予以纠正。

9. 在可燃材料装修的墙壁和吊顶上安装灯具、开关、插座等,应配金属接线盒,导线应穿钢管敷设。灯具上方应保持足够的空间,以利散热。

五、电熨斗的安全使用须知

电熨斗的功率有大小之分,功率越大,放出的热量越大,温度也越高。因此,通电后的电熨斗如果长时间接触棉花、布匹、木材等可燃物,很容易引起火灾事故。

电熨斗的安全使用必须要做到:

1. 电熨斗供电线路导线的截面不能太小,不能与家用电器同用一个插座,也不要与其他耗电功率大的家用电器同时使用,以防线路过载引起火灾。

2. 选用保险应该能承受电熨斗的电流,电熨斗用的保险最好单独装置,这样更加安全。

3. 不要使电熨斗的电源插口受潮并保证插头与插座接触紧密。

4. 通电使用电熨斗时操作人员不要轻易离开。在熨烫衣物的间歇,要把电熨斗竖立放置或放置在专用的电熨斗架上,切不可放在易燃的物品上,也不要把电熨斗放在下面有可燃物质的铁板或砖头上,应放在不导热的垫板上,如陶瓷、耐火砖等耐热的垫板。

5.使用普通型电熨斗时切勿长时间通电,以防电熨斗过热,烫坏衣物,引起燃烧。不同织物有不同的熨烫温度,而且差别甚大。因而熨烫各类织物时宜选用调温型电熨斗。但须注意,当调温型电熨斗的恒温器失灵后要及时维修,否则温度无法控制,容易引起火灾。

6.用完电熨斗后,立即拔下电源插头,切断电源,以免引起火灾。

7.不随意乱放刚断电的电熨斗,要待它完全冷却后再收存起来。大量使用电熨斗的行业如服装行业等,应有专人统一管理。下班后应先切断电源,等待冷却后再收存在不燃材料制成的专用工具箱内。

六、家用液化石油气罐防火安全须知

使用液化石油气罐时应注意以下几点:

1.经常检查液化石油气罐和灶具是否漏气。如发现漏气要立即打开门窗,通风换气,切断一切火源、电源,迅速将气罐放到安全地点。

2.必须按先点火后开气门的顺序使用。使用期间要有人照看,以免汤水溢出浇灭火焰,或被风吹灭火焰,使液化气大量冒出,遇明火爆炸起火。用完别忘关上气罐上的阀门。

3.气罐不得靠近暖气、火炉。

4.气罐的残液不应自行处理或倾倒在下水道内。

5.一旦发生火灾,应将气罐上的阀门关闭,拧下调压器或剪断胶管,把气罐转移到室外安全地带。

据有关部门统计,煤气发生的事故可分为两大类:一类是煤气泄漏引起爆炸燃烧或人身中毒。当房间里泄漏出的煤气和空气混合达到4.5%～35.8%时,遇到火种就会发生爆炸燃烧。由于煤气里含有约10%的一氧化碳气体,泄漏出来,被人体吸入肺部,就会进入血液循环系统,使人的肌体组织缺氧,严重时会致人死亡。另一类是使用煤气罐的用户,由于不懂煤气具有易燃易爆的特点,在更换煤气罐时想将旧罐内的残渣倒掉,结果因碰上火种发生爆炸燃烧,造成人身伤亡。

使用煤气家庭除了必须了解煤气性能及其潜在的危险外,在具体使用(或更换煤气罐)时一定要注意以下几点:

1.点火后不离人。煤气灶点上火后,如果人离开而没有照看,火焰就有可能被锅内沸溢的汤水浇灭或被风吹灭,这样一来煤气便会从燃烧器的火孔中源源不断地向外泄漏,酿成事故。

2.用毕要关上总阀。当用完煤气灶离开时,除了关掉灶具上的旋塞开关外,别忘了关掉煤气表前的管道进气总阀(煤气罐上头的总开关)。如果不关总阀,很可能某个开关、管道或煤气罐连接灶具的橡皮管因出现漏气故障,而形成"慢跑气",结果导致煤气中毒事故的发生。

3.厨房内严禁睡人。这是因为一旦夜间发生煤气泄漏事故,就很可能发生煤气中毒或火灾。同样的道理,煤气罐及其灶具不能放在卧室内使用。即使住房紧张,只有一间房,也不能放在房内,可安装在阳台或楼梯走廊等地。为安全起见,未使用的备用煤气罐也不应放置在卧室。家中最好不存放备用煤气罐。

4.厨房不得存放其他易燃易爆物。在使用煤气的灶房不得存放汽油、酒精、火药、雷管、鞭炮等易燃易爆物,也不能使用电炉、火炉、煤油炉等有明火的炉具。否则,一旦煤气泄漏,极易引发火灾爆炸事故。

5.断气检修时要切记关闭管道进气开关。有些家庭在使用煤气灶具时恰遇煤气公司断气检修,而没有关上煤气总阀,等煤气公司复送气时造成煤气泄漏而发生严重的事故。

6.使用煤气罐家庭要注意换罐时的安全。有些煤气罐看似用完了,灶具也点不着火,但罐内并非已是真空。如果不注意安全,总阀不关,也有可能因煤气泄漏碰上明火而引起火灾。因此,在换罐时也不可大意。

一旦煤气失火,首先要设法关闭离事故现场最近的煤气管线上的总开关,如厨房内煤气表前开关、进楼煤气总管道闸井中的开关。如果开关附近有火焰,可以顶着湿麻袋、湿棉被,用湿毛巾包着关闭开关。关闭总气阀,切断气源,以遏制火势。如果煤气把门窗、衣物、家具等物品引着了,火势小时,可以当机立断,用干粉灭火剂扑灭;火势大时,应一边扑救,一边报告消防部门和煤气管理部门。

七、管道煤气的安全使用须知

管道煤气中含有相当数量的一氧化碳成分,它是无色、无味、有剧毒的气体,它与人体中的血红蛋白的结合力比氧高200～300倍。因此,当人体内吸入较多的一氧化碳以后,由于一氧化碳与血红蛋白结合生成碳氧血红蛋白,阻碍新鲜氧气吸入,造成体内缺氧而引起中毒,轻者头晕恶心,重者造成死亡。除此之外,管道煤气使用不当,也会发生火灾或爆炸事故。要安全使用管道煤气,必须遵守以下10点:

1.一定要按煤气公司规定的操作规程正确使用煤气,要采用经煤气公司检验合格并认可的燃具和专用的橡胶软管,不得将液化气、天然气燃具或非专用橡胶管用于管道煤气。

2.煤气管、煤气表应由煤气公司的专业人员安装、设置,用户不得私自添、移、改装煤气设备,也不能私自使用未经同意的燃气设备,如红外线取暖器、热水器等。

3. 装有煤气管道及用具的厨房或其他场所,不能改作(或兼作)卧室;不准堆放易燃物品,以免发生漏气时造成中毒死亡或火灾等事故。

4. 使用煤气时应有人看管,随时注意煤气燃烧情况,防止因汤水溢出浇灭火焰而使煤气弥漫在室内。

5. 煤气供应中断时,应及时关闭表、灶阀门,防止空气混入煤气表及管道内。恢复供气时将可能混入的空气排出后方可使用。

6. 如发现煤气泄漏,应立即打开门窗,并关闭表、灶阀门,通知煤气公司前来检修。在修复前严禁一切明火,也不要开家用电器。

7. 在停止使用煤气及临睡前,应检查灶阀和灶前直管阀门是否已关严。如需离开住宅较长一段时间,最好将煤气表前的总阀门也关掉。

8. 橡胶软管应经常检查,如有压扁、老化、接口不严密等情况应及时处理或更换,不能将橡胶软管接长或将煤气灶移至卧室内使用,寒冷季节使用煤气一段时间后应开启门窗,换入新鲜空气,以防室内缺氧或煤气中毒。

9. 在煤气管道及设备上不要吊挂重物,也不能把电线、电器接地线接在煤气管道上,以免损坏煤气管道,或因电线漏电引起火灾、爆炸等事故。

10. 煤气压力过小时不能点火;煤气压力过大,火焰过长并伴有噪音,都应停止使用,并立即通知煤气公司前来修复。

管道煤气在使用过程中由于管道年久失修、安装不慎或设备不灵等原因均可能造成漏气。埋在地下的煤气管道,由于受震动或建筑物下沉或管道基础不均匀下沉也会发生断裂而漏气,如泄漏出来的煤气通过较疏松的土壤或污水管道进入室内,会造成严重事故,所以要经常注意煤气管道的漏气问题。

如嗅到室内有煤气的气味,即说明有漏气部位存在,这时应立即打开门窗,促使空气流通,再仔细进行检查。地面以上的煤气管道可采用肥皂液查漏,将肥皂水涂抹在查漏处(一般发生在管道连接之处),如发现肥皂泡沫不断增多,即表明该部位已漏气。查出漏气处后应暂时用胶布将该部位包扎好,然后通知煤气公司查修。如地上管道查不出漏气之处而煤气味确定存在,那就可能是地下管道漏气,应立即通知有关部门。无论是地上还是地下管道漏气,在尚未修复前,均应严禁明火,严禁拉、合电闸,也不能敲击铁器等,以免产生火花发生爆炸。

万一发生了煤气失火,应首先关闭煤气表阀门,用湿布扑打并覆盖失火点,因室内管道压力不会很高,一旦关闭了阀门,较易扑灭。火警消除后,一定要仔细找出泄漏部位,待完全修复后方可继续使用。

八、燃气热水器的安全使用须知

使用燃气热水器时应注意下列安全事项:

1.谨防漏气。连接燃气气源的软管,必须是燃气专用橡胶管,也称耐油橡胶软管,不许用其他塑胶管代替。连接燃气气源和热水器进气端的接口软管与金属管之间的配合一定要适度,如发现软管有裂痕或老化漏气(可用肥皂水检查),应及时予以更换,一般每半年应检查一次,打火或熄火时要仔细检查是否确定点火或熄灭,在使用过程中要经常检查是否燃烧正常,使用完毕时必须关闭燃气气源总阀。

2.注意通风换气。热水器在工作时不要关闭门窗,最好能使用换气扇等换风装置。

3.严防火灾。在热水器上面或周围,不许放置易燃物品。在排气口上不准放置毛巾、抹布等易燃物品。热水器工作时,人不能远离现场。

4.防止烫灼伤。不要用橡胶管连接热水器出水口,因为橡胶管容易被折弯,使热水堵塞而产生过高温度的热水,以致烫伤人体。关闭热水后,如需要继续使用,需稍待片刻后再接触热水,以防停水时温度过高而烫伤肌肤。

5.防爆。如发现燃气漏气时,必须立即停止使用,首先关闭燃气总阀,同时打开所有门窗,以自然通风的方法使已经漏出的燃气飘散出去。然后仔细查清漏气的原因,待故障彻底排除后,确认无漏气时方可重新点火使用。注意:此时严禁使用任何火种,绝对不能点火,也不能开动任何电器设备,以免电火花引燃燃气而发生意外。

6.防冻结。在严冬季节或寒冷地区使用热水器后,应把其中的水放尽,以防冻结,以免影响使用或损坏机件。

九、家用空调器的安全使用须知

家用空调火灾事故的主要原因有3种。

1.电容器被击穿引燃空调器

电容器被击穿主要有两方面原因:

(1)电源电压过高。我国各地电网电压波动较大,在用电低潮时,220伏的电源电压值有时会超过250伏,而有些厂家生产的电容器耐电压值不够,处于超负荷工作状态,时间一长就容易被击穿。

(2)受潮漏电。电容器材质不好,受潮后绝缘性能降低,漏电使电流增大,导致被击穿。

有些空调器内的隔板和衬垫材料部分是可燃的,电容器被击穿后冒出的高温火花便会引燃空调器,进而引起火灾。

2.风扇电机卡住不转导致过热起火

空调器内的离心风机和轴流风机在运转过程中,有时会出现轴承磨损或风机破裂故障,使风扇电机卡住不转,这时通过风扇电机的电流迅速增大,在没有热保护装置的情况下,电机线圈有可能因过热而起火。此外,空调器正在制热时风扇电机因故障停转,又没有热保护装置或者该装置失灵,电热丝继续通电生热,周围空间的温度便会不断升高,也有可能引燃空调器本身和靠近空调器的可燃物,以致造成火灾事故。

3.安装或使用不当

家用窗式空调器通常使用单相220伏电源,电源插头是单相三线插头,有的人误以为使用的是380伏的三相电源,结果误接起火。按照空调器用电量要求,应使用耐压大于15安的三线插头,但有些人忽视了这一点,随便安装个5安的三线插头,导致插头被击穿,引起电源线起火。再就是空调器制热时,拖长的窗帘蒙在空调器前面被烤着。

十、燃放烟花爆竹的安全须知

燃放烟花爆竹是我国大部分地区喜迎佳节吉日、操办婚丧喜事的重要形式之一。但是,烟花爆竹质量不好或燃放不当,就会发生一些伤人起火的意外事故,给人们的生命财产安全带来威胁。现在越来越多的城市或地区已经禁止燃放烟花爆竹。暂时没有禁放的地区,应该怎样注意安全呢?

1.选用质量好、安全性能高的产品和品种。不要购买那些没有正规包装的烟花爆竹,更不要购买当地一些家庭作坊自制的产品。一些爆炸力较强和威胁性较大的品种应禁止使用。

2.燃放地点选择在一些开阔的空地,避开仓库、堆着粮草的场院、柴火堆和茅草屋。不能在室内燃放,也不要在门口、窗台燃放。

3.按照产品说明书的要求进行操作。比较安全的做法是将烟花爆竹正确摆放以后,用一根点着的熏香去点燃,然后迅速远离5~6米左右。鞭炮一时未响,不要急于上前察看。不可以逞能将鞭炮抓在手中点燃,否则会因丢得不远或丢得不及时而伤人。

4.燃放烟花爆竹最常见的伤害事故是崩伤手、足、面部和眼睛。所以要注意保护这些部位,尤其是眼睛,一旦受伤,将悔之莫及。

5.燃放烟花爆竹要讲究道德,不能将之扔到人群中,以免伤害他人。

第三节　火场自救与逃生

一、液化气灶具漏气着火时的处理措施

据消防部门统计,家庭使用的液化气灶具因漏气而着火的事故发生率很低。一旦漏气着火,只要处置得当,就可化险为夷;处置不当,则有可能发生严重的钢瓶爆炸或液化气体爆炸燃烧事故。

发现液化气灶具漏气着火时,首先要迅速拧紧钢瓶角阀上的手轮,这是最简便易行、又十分有效的处置方法。尤其当火焰在角阀处燃烧时,只要断绝了气源,火焰就会立即自动熄灭。有的用户看到钢瓶角阀处着火,不敢去关闭阀门,认为会发生"回火"爆炸,便把钢瓶弄到屋外任其燃烧,结果反而引起了爆炸。

其实液化气钢瓶是不会发生"回火"爆炸的。当钢瓶角阀出气口上安装有调压器时,因调压器内有"止回"结构,故绝对不会发生回火爆炸;没有安装调压器时,因为钢瓶内的压力大于外界的空气压力,使液化气向外喷射,钢瓶内没有空气,形成不了爆炸性混合气体。此外,钢瓶出气口口径小,火焰传播速度慢,也是防止发生"回火"的重要因素。

由于液化气燃烧产生的温度很高,用户在关闭角阀时,一定要戴上湿过水的布手套,或用湿围裙、毛巾、抹布包住手臂,防止被火烧伤。如果家中备有灭火器或干粉灭火剂,先把火扑灭,再拧紧钢瓶角阀手轮就更加安全了。

关阀断气的速度一定要快,超过 3 ~ 5 分钟,钢瓶角阀内的尼龙垫、橡胶垫圈和用于密封接头的环氧树脂黏合剂就会被高温熔化,以致失去阀门的密封作用,使液化气大量外泄,火势会烧得更旺。但即使这样,钢瓶一般也不会发生爆炸,因为钢瓶内的压力始终得不到积蓄。

在这种情况下,千万不能把火扑灭,因为把火扑灭后,钢瓶内的压力很大,根本无法堵住大量外泄的液化气。而液化气大量泄漏出来后,其后果十分危险,遇到火源极易导致爆炸燃烧。

以防万一,平时应在液化石油气灶具附近准备简易的灭火工具,如水桶、水缸、沙土,有条件的还可以添置灭火粉或灭火机。这样一来,一旦失火,便可以及时扑灭,不致带来大的灾害。

二、电气设备着火的处理措施

遇电气设备着火时,首先要区分是高压还是低压。通常所使用的电气设备是 220 伏和 380 伏的,一般其线距在 0.5 米以下,杆距在 50 米(农村 60 米)内,在输配电方面,往往有高压,对高压要特别小心。电气设备发生火灾时,如果能够切断电源,应及时切断。对一般低压电源,只要知道开关位置,一般人都可以进行断电操作。但切断高压电源的工作必须由电工或懂高压电操作的人进行。

断电后的火灾扑救与其他类似的火灾扑救方法相同。有时,由于情况紧急,为了争取灭火时机,防止火灾蔓延扩大,或因为生产需要及其他原因无法切断电源时,必须在带电的情况下进行扑救。事实上,电气火灾并不可怕,只要我们掌握一定的方法,完全可以在带电情况下进行扑救。使用 1211、1301、二氧化碳和干粉灭火器灭火时,扑救 110 千伏以下的电气火灾,只要保持 1 米的安全距离即可。

对于 220 伏、380 伏的低压来说,安全距离可缩小到 0.4 米。对于泡沫灭火器,传统的观点认为是不能带电灭火的,因为泡沫是导电体。在泡沫灭火器的扑救编号上,一般也不标电气一类。其实,泡沫灭火剂虽是导电体,但也有较大的电阻率,并不是良导体,而且在喷出接触燃烧体时,会形成泡沫,这时,电阻率会大大增加,漏电电流会变得很小,对人体不会产生多大的影响。用以扑救低压电气火灾,只要操作得当,不会有危险。只要保持 2 米的安全距离,完全可以用来扑救室内布线、照明灯、配电板、电动机等低压电气设备火灾。如果穿上绝缘胶鞋,戴好手套,则更保险。普通水虽然也是导电体,但也可用来带电灭火。关键是要掌握安全距离(水枪喷口至带电体之间的距离)和充实水柱(水枪出口的一段密集不分散的水流)。对 110 千伏的高压电,使用 16 毫米的水枪,只要保持 6 米安全距离和 12 米充实水柱,就可进行扑救。对 1 千伏以下的电压,只要保持 2.5 米安全距离和 8 米充实水柱即可。

此外,为了安全起见,泡沫灭火器或水枪还可采用绕射法,即将泡沫或水枪射流不间断地晃动改变射点,或射向空中,居高临下,使射到带电体上的射流不成连续状。虽然对火势的打击力变弱了,但对安全有保证。带有开关的水枪除可绕射外,还可进行点射,即频繁地开闭开关,使射出的水流不成连续状,电流无法到达水枪上,从而保证灭火人员的安全。对低压电气火灾还可用脸盆(桶)等容器端(提)水灭火,但也要注意间隔一定的距离。只要泼水时用力一次泼出,使泼出的水不连续,就不会发生触电。用泡沫和水带电灭火要注意的是,由于泡沫和普通水能导电,扑救中可能会发生短路和打击火花,并发出啪、啪的声响。但只要电气设备安装符合要求,不用铁丝、铜丝替代保险丝,发生短路后,保险丝熔断,电源也会自动切断。所以,对于低压电器来说,听到啪、啪声响或看到火花时,不必恐慌,可继续扑救。

三、怎样从火灾中逃生

发生火灾时,威胁人们生命安全的不仅仅是熊熊大火,更直接来自那滚滚烟雾、大量的一氧化碳等有毒气体。避火的方法不当,就有可能受到上述任何一种因素的危害。

1. 正确判断火情,避免烟雾扩散和火势蔓延。居室失火,人们往往最先闻到烟味。这时要沉着冷静,查看屋内是否着火。如果火情来自室外或楼道,切忌急着把门拉开。先用手摸一下门的上端,如果已经发热发烫,就不能开门了。这时应选择从窗口或阳台,系上绳索逃生。楼层高或没有避难用具的,可用湿被等堵住房门,再到窗口呼救,等待救援。记住,如果窗子或阳台也有烟雾或热浪袭来,则应当把这些地方也紧紧关住。试门的时候如果不是很热,可以用湿毛巾捂住嘴,小心地打开一条门缝观察,如果感觉热气逼人,就马上把门关上。

2. 如果室内或现场已有烟雾,要用湿毛巾掩着口鼻,并趴在地上或尽量蹲低,从没有着火的楼梯、通道或太平门撤离。从窗口或阳台逃生时,不能盲目往下跳。楼层不高,可使用绳索、梯子往下滑,没有绳子可将床单剪开制成,身处二楼,可往地上扔几床棉被,再慢慢跳到棉被上。住高楼者,千万不能往楼下跳。

3. 从火场逃离,除了掩住口鼻,身上衣服也应当淋湿,或是披上一条淋湿的被子。假如身上衣服着了火,应尽快脱掉它,来不及脱掉,可就地打滚,或是跳入附近的水沟、河渠中(身体严重烧伤时不能跳水或用水浇,以免造成大面积细菌感染),或是让人用水、衣物等扑灭。逃生时,一定要穿上鞋,以免脚板被玻璃、钉子等物割伤、扎伤而不能走动。

4. 从火场逃离后,就不要再进入。

四、火场自救的要诀

火灾致人伤亡的两个主要方面:一是浓烟毒气窒息;二是火焰的烧伤和强大的热辐射。只要避开或降低这两种危害,就可以保护自身安全,减轻伤害。因此,多掌握一些火场自救的要诀,困境中也许就能获得第二次生命。

1. 火灾自救,时刻留意逃生路

每个人对自己工作、学习或居住的建筑物的结构及逃生路径要做到有所了解,要熟悉建筑物内的消防设施及自救逃生的方法。这样,火灾发生时,就不会走投无路了。当处于陌生的环境时,务必留心疏散通道、安全出口及楼梯方位等,以便关键时候能尽快逃离现场。

2. 扑灭小火,惠及他人利自身

当发生火灾时,如果火势不大,且尚未对人造成很大威胁时,应充分利用周围的消防器材,如灭火器、消防栓等设施将小火控制、扑灭。千万不要惊慌失措地乱叫乱窜,或置他人于不顾而只顾自己"开溜",或置小火于不顾而酿成大火。

3. 突遇火灾,保持镇静速撤离

突然面对浓烟和烈火,一定要保持镇静,迅速判断危险地点和安全地点,决定逃生的办法,尽快撤离险地。千万不要盲目地跟从人流和相互拥挤、乱冲乱窜。只有沉着镇静,才能想出好办法。

4. 尽快脱离险境,珍惜生命莫恋财

在火场中,生命贵于金钱。身处险境,逃生为重,必须争分夺秒,切记不可贪财。

5. 迅速撤离,匍匐前进莫站立

在撤离火灾现场时,当浓烟滚滚、视线不清、呛得喘不过气来时,不要站立行走,应该迅速地趴在地面上或蹲着,以便寻找逃生之路。

6. 善用通道,莫入电梯走绝路

发生火灾时,除可以利用楼梯等安全出口外,还可以利用建筑物的阳台、窗台、天窗等攀到周围的安全地点,或沿着落水管、避雷线等建筑结构中凸出物滑下楼。

7. 烟火围困,避险固守要得法

当逃生通道被切断且短时间内无人救援时,可采取寻找或创造避难场所、固守待援的办法。首先应关紧迎火的门窗,打开背火的门窗,用湿毛巾、湿布堵塞门缝或用水浸湿棉被蒙上门窗,然后不停用水淋透房间,防止烟火渗入,固守待援。

8. 跳楼有术,保命力求不损身

火灾时有不少人选择跳楼逃生。跳楼也要讲技巧,跳楼时应尽量往救生气垫中部跳或选择有水池、软雨篷、草地等的方向跳。如有可能,要尽量抱些棉被、沙发垫等松软物品或打开大雨伞跳下,以减缓冲击力。

9. 火及己身,就地打滚莫惊跑

火场上当自己的衣服着火时,应赶紧设法脱掉衣服或就地打滚,压灭火苗;能及时跳进水中或让人向身上浇水、喷灭火剂就更有效了。

10. 身处险境,自救莫忘救他人

任何人发现火灾,都应尽快拨打 119 电话呼救,及时向消防队报火警。

五、高层楼房发生火灾时的逃生措施

随着社会的发展,城市住宅、商场等公共建筑设施,越来越趋向高层化。当高层建筑一旦发生火灾,居住在高楼层内的居民或旅客,如何迅速安全地逃离火灾现场呢?保持镇定是对待灾难的第一要点。一旦所在的楼房出现失火,先要冷静迅速地探明起火地点和方位,要确定当时的风向(透过窗户观察云彩飘动、树枝摇摆、烟囱冒出的烟),在火势未蔓延前,朝逆风方向快速离开。这时切忌惊慌失措、盲目乱窜,否则极有可能接近起火源。如果失火大楼属于密封式中央空调系统者,要设法立即堵死室内通风孔,以防浓烟由通风孔倒灌进室内,然后用一块湿毛巾堵住自己的口鼻,防止吸入有毒气体。因为现在许多建材都掺有化学原料,经燃烧产生的浓烟都含有毒素,吸进体内是十分有害的。同时,还应将身上的衣服打湿,这样可以防止将火引上身体。

在高层建筑中,火灾烟气的走向,正好与人的逃生方向相反。火烟沿走廊上部飘至楼梯、电梯处,楼梯、电梯酷似一只只大烟囱,产生极大的抽拔力,热烟流迅速向上升腾、弥散,产生"烟囱效应"。因此发生大火绝不能盲目往楼下跑。那么火灾发生时藏在屋里可不可以呢?人们发现在火灾现场中,有不少人躲在床下、屋角、阁楼……结果全部遇难。突遇火灾高层住宅居民究竟怎样逃生呢?

1. 有效预防烟毒。为防止烟毒,一般可用湿口罩、湿毛巾掩护好呼吸部位,防止吸入毒气,同时将衣服打湿以免引火烧身。

2. 若楼道被大火封住,应关好自己家的房门,堵好室内通气口,若楼层不高,可以用绳子或床单系在一起,从窗户降至户外。

3. 若火势刚起,浓烟不多时,应猫腰压低姿势,尽量接近地面或角落,慢慢移离火源。因为浓烟上升,而通常离地面2厘米处仍有新鲜空气。

4. 当居住的楼层里火势凶猛无法冲出时,一方面把阳台上的可燃物品全部搬进屋内,防止大火蔓延进屋,同时紧闭门窗,向屋内地上、床上、桌上泼水,并拿出浸透水的湿床单蒙在门窗上。这样可以有效控制火的侵袭。

5. 若住在楼上,发现楼下失火时,千万不要去乘电梯,因着火时容易断电而被卡在电梯内,进退两难。这时应沿着防火安全梯逃至楼底,若中途防火梯已被堵死,应立即跑到楼顶,同时将顶层玻璃打碎,向外高声呼救,以便营救。

逃生时不一定跑得快就安全,这要视火势与浓烟程度而定。火势不急,浓烟不多时,可以迅速跑离火源;火势不大但烟多而且很浓时,则不宜快跑。正确的做法应当是:弯身猫腰压低姿势,尽量接近地面或角落,慢慢地移离火源更为安全。弯身接近地面的道理是:浓烟较空气为轻,它会向上升,当室内浓烟密布

时,通常离地面2~3厘米处仍会有新鲜空气。而在空气稀少时,快速行动会加快呼吸,增加空气的需要量,这为实际情况所不容许,所以要慢慢移动。

跳楼是在万不得已的情况下采取的下下策。因为跳楼毕竟具有危险性,非跳楼不可时,应先察看好底下的地形,最好朝消防部门拉起的安全网上跳。如果底下未拉安全网,在可能情况下,应选择底下平坦且无钢材、石头、混凝土等硬物的地方,并先向下投些棉被衣物、沙发垫等物件,以做缓冲之用。跳下前双手应抓在窗口下沿或阳台地面,脸朝墙,双脚下垂,以降低高度(一人一手约2米)。脱手瞬间,手脚要一起用力外推,以防止触碰墙面。落地时用前脚掌着地,双腿放松,成弯曲姿势。必须注意的是,三层楼以上因高度高,危险性大,最好不要采用此下策。采用绳索逃生要安全得多。

六、火灾时身上着火了怎么办

火灾发生时,如果身上着火,千万不要惊慌失措、东奔西跑或胡乱扑打。因为奔跑时形成的小风会使火烧得更旺,同时跑动还会把火种带到别处,引着周围的可燃物;胡乱拍打,往往顾前顾不了后,在痛苦难熬中,一旦支持不住,瘫倒在地,就会造成严重烧伤,甚至丧失生命。所以一旦身上着火,首先应该设法脱掉衣帽;如果来不及脱掉,可以把衣服撕碎扔掉。若依然来不及,可在没有燃烧物的地方倒在地上打滚,把身上的火苗压灭;如有其他人在场,可用麻袋、毯子等把身上着火的人包裹起来,就能使火熄灭;或向着火人身上浇水或帮着将烧着的衣服撕下,但切不可用灭火器直接向着火人身上喷射,以免其中的药剂引起烧伤者的伤口感染。如果火场周围有水缸、水池、河沟,可取水浇灭,或直接跳入水中去。不过,这样虽然可以减轻烧伤程度和面积,但对后来的烧伤治疗不利。同样,头发和脸部被烧时,不要用手胡拉,这样会擦伤表皮,不利治疗,应该用浸湿的毛巾或其他浸湿物去拍打。

七、火灾中被烟雾封锁时的求生措施

当高层建筑发生火灾时,由于建筑中大量使用可燃装修材料,在燃烧时会放出有毒气体,往往使人中毒死亡。因此,火灾时,在防止吸入有毒气体的基础上,才能逃离火场。如果无法逃离火场,也必须采取一定的措施,防止吸入有毒气体、烟雾,等待消防人员救助。

当楼梯间或走廊内只有烟雾,而没有被火封锁时,最基本的方法是,将脸尽量靠近墙壁和地面,因为此处有少量的空气层。避难的姿势是将身体卧倒,使手和膝盖贴近地板。用手支撑沿墙壁移动,从而逃离现场。用浸湿的毛巾或手帕捂住嘴和鼻,也能避免吸入烟雾。

当楼梯和走廊中烟雾弥漫、被火封锁而不能逃离时,首先要关闭通向楼道的门窗。用湿布或湿毛毯等堵住烟雾侵袭的间隔,打开朝室外开的窗户,利用阳台和建筑物的外部结构避难。应将上半身伸出窗外,避开烟雾,呼吸新鲜空气,等待救助。当听到或看到地面上或楼层内的救护人员行动时,要大声呼救或将鲜艳的东西伸出窗外,这时救护人员就会发现有人被困,采取措施进行抢救。

八、火场救助他人时的注意事项

在火场救人,十分危险,需要专业知识及特殊装备,一般来说应该让消防员担任这种工作。倘若有人被困或遭浓烟呛晕而必须相助时,还要留意两点:避免受伤,迅速行动;暂不替伤者护理伤势,应迅速救其离开火场。此外,救人时还须注意:

1. 救人前,先打电话通知消防队。

2. 如果火势炽烈或大楼快要倒塌,切勿冒险进入。

3. 假如毒烟弥漫火场,切勿进内,有些家具燃烧时会产生致命的气体,应等待消防员带防毒的呼吸装备前来援救。

4. 进火场前,把绳子一端拴紧腰间,另一端叫人在外面拽着。万一迷失方向,可凭绳子循原路走出火场;即使被烟呛晕,外面的人也可以把昏迷者拖离火场。

5. 先与火场外的人取得默契,例如预先说好自己会一直轻轻拉紧绳子,绳子一软下来,他们就应拖自己出火场。

6. 用湿手帕掩住口、鼻,或戴上口罩,以抵挡浓烟,减少吸进有毒气体。

7. 如有毛毯或大衣,搭在肩上或拿着带进火场去,可用来包裹伤者。

8. 进入火场时,每开一道门,先用手背触门把,假如烫手,切勿进内。

9. 若逃生去路快要被截断,切勿继续前行。

10. 若门把不烫手,开门时应紧握门把,以免房内的热气流把门拉开。假如门是向外开的,应用脚顶住,以免突然弹开。

11. 深呼吸几下,打开一道门缝,先让热空气散掉,然后进去。

12. 进入浓烟密布的房间时,身体尽量俯屈靠近地面,必要时匍匐而行。

13. 找到伤者时,迅速带其到安全地点。脱离险境才可施行急救。

第四节 灭火器的使用

灭火器在各种公共场合都能见到,是一种可由人力移动的轻便灭火器具。其种类繁多,适用范围也有所不同,只有正确选择灭火器的类型,才能有效地扑救不同种类的火灾,减少伤害。

一、灭火器的分类

灭火器的种类很多,按移动方式可分为:手提式和推车式;按驱动灭火剂的动力来源可分为:储气瓶式、储压式、化学反应式;按所充装的灭火剂则又可分为:泡沫、干粉、卤代烷、二氧化碳、酸碱、清水等。

针对不同类型的火灾,要选择不同种类的灭火器。固体燃烧的火灾应选用水型、泡沫、磷酸铵盐干粉等灭火器;液体火灾和可熔化的固体物质火灾应选用干粉、泡沫、二氧化碳型灭火器(这里需要注意的是,化学泡沫灭火器不能灭极性溶性溶剂火灾);气体燃烧的火灾应选用干粉、二氧化碳型灭火器;扑救带电火灾应选用二氧化碳、干粉型灭火器;金属燃烧的火灾,主要有粉状石墨灭火器和灭金属火灾专用干粉灭火器。

二、泡沫灭火器的使用方法

使用泡沫灭火器时可以手提筒体上部的提环,迅速奔赴火场。但是如果灭火器过分倾斜,使用时横拿或颠倒,会使两种药剂混合而提前喷出,所以使用的时候需要特别注意。当距离着火点 10 米左右,即可将筒体颠倒过来,一只手紧握提环,另一只手扶住筒体的底圈,将射流对准燃烧物。在扑救可燃液体火灾时,如果已经呈流淌状燃烧,应该将泡沫由远而近喷射,使泡沫完全覆盖在燃烧液面上;如果在容器内燃烧,应将泡沫射向容器的内壁,使泡沫沿着内壁流淌,逐步覆盖着火液面。切忌直接对准液面喷射,以免由于射流的冲击,反而将燃烧的液体冲散或冲出容器,扩大燃烧范围。在扑救固体物质火灾时,应将射流对准燃烧最猛烈处。灭火时随着有效喷射距离的缩短,使用者应逐渐向燃烧区靠近,并始终将泡沫喷在燃烧物上,直到扑灭。使用时,灭火器应始终保持倒置状态,否则会中断喷射。

使用推车式泡沫灭火器时,一般由两人操作,先将灭火器迅速推拉到火场,在距离着火点 10 米左右处停下,由一人施放喷射软管后,双手紧握喷枪并对准燃烧处;另一个则先逆时针方向转动手轮,将螺杆升到最高位置,使瓶盖开足,然后将筒体向后倾倒,使拉杆触地,并将阀门手柄旋转 90 度,即可喷射泡沫进行灭火。如阀门装在喷枪处,则由负责操作喷枪者打开阀门。由于该种灭火器的喷射距离远,连续喷射时间长,因而可充分发挥其优势,用来扑救较大面积的储油槽或油罐车等处的初起火灾。

空气泡沫灭火器使用时可手提或肩扛迅速奔到火场,在距燃烧物 6 米左右时,拔出保险销,一手握住开启压把,另一手紧握喷枪,用力捏紧开启压把,打开密封或刺穿储气瓶密封片,空气泡沫即可从喷枪口喷出。灭火方法与手提式化学泡沫灭火器相同,但空气泡沫灭火器使用时,应使灭火器始终保持直立状态,切勿颠倒或横卧使用,否则会中断喷射,同时应一直紧握开启压把,不能松手,否则也会中断喷射。

三、酸碱灭火器的使用方法

酸碱灭火器适用于扑救一般可燃物质燃烧的初起火灾,如木、织物、纸张等燃烧的火灾。但不能用于扑救油类、忌水和忌酸物质燃烧的火灾,也不能用于扑救可燃性气体或轻金属火灾,同时也不能用于带电物体火灾的扑救。其使用方法是:手提筒体上部提环,迅速奔到着火地点。绝不能将灭火器扛在背上,也不能过分倾斜,以防两种药液混合而提前喷射。在距离燃烧物 6 米左右时,即可将灭火器颠倒过来,并摇晃几次,使两种药液加快混合,一只手握住提环,另一只手抓住筒体下的底圈将喷出的射流对准燃烧最猛烈处喷射。同时随着喷射距离的缩减,使用人应向燃烧处推进。

四、二氧化碳灭火器的使用方法

灭火时只要将灭火器提到或扛到火场,在距燃烧物 5 米左右时,放下灭火器拔出保险销,一手握住喇叭筒根部的手柄,另一只手紧握启闭阀的压把。对没有喷射软管的二氧化碳灭火器,应把喇叭筒往上扳 70 ~ 90 度。使用时,不能直接用手抓住喇叭筒外壁或金属连线管,防止手被冻伤。灭火时,当可燃液体呈流淌状燃烧时,使用者将二氧化碳灭火剂的喷流由近而远向火焰喷射。如果可燃液体在容器内燃烧时,使用者应将喇叭筒提起。从容器的一侧上部向燃烧的容器中喷射。但不能将二氧化碳射流直接冲击可燃液面,以防止将可燃液体冲出容器而扩大火势,造成灭火困难。推车式二氧化碳灭火器一般由两人操作,使用时两人一起将灭火器推或拉到燃烧处,在离燃烧物 10 米左右处停下,一人快速取下喇叭筒并展开喷射软管后,握住喇叭筒根部的手柄,另一人快速按逆时针方向旋动手轮,并开到最大位置。灭火方法与手提式的方法一样。使用二氧化碳灭火器时,在室外使用的,应选择在上风方向喷射。在室内窄小空间使用的,灭火后操作者应迅速离开,以防窒息。

五、1211手提式灭火器的使用方法

1211手提式灭火器使用时一定要非常小心,应手提灭火器的提把或肩扛灭火器到火场。在距燃烧处5米左右处,放下灭火器,先拔出保险销,一手握住开启把,另一手握在喷射软管前端的喷嘴处。如灭火器无喷射软管,可一手握住开启压把,另一手扶住灭火器底部的底圈部分。

先将喷嘴对准燃烧处,用力握紧开启压把,使灭火器喷射。当被扑救可燃烧液体呈现流淌状燃烧时,使用者应对准火焰根部由近而远并左右扫射,向前快速推进,直至火焰全部扑灭。如果可燃液体在容器中燃烧,应对准火焰左右晃动扫射,当火焰被赶出容器时,喷射流跟着火焰扫射,直至把火焰全部扑灭。但应注意不能将喷流直接喷射在燃烧液面上,防止灭火剂的冲力将可燃液体冲出容器而扩大火势,造成灭火困难。

如果扑救可燃性固体物质的初起火灾时,则将喷流对准燃烧最猛烈处喷射,当火焰被扑灭后,应及时采取措施,不让其复燃。

1211灭火器使用时不能颠倒,也不能横卧,否则灭火剂不会喷出。另外在室外使用时,应选择在上风方向喷射;在窄小的室内灭火时,灭火后操作者应迅速撤离,因1211灭火剂也有一定的毒性,以防对人体的伤害。

六、干粉灭火器的使用方法

碳酸氢钠干粉灭火器适用于易燃、可燃液体、气体及带电设备的初起火灾;磷酸铵盐干粉灭火器除可用于上述几类火灾外,还可扑救固体类物质的初起火灾。但都不能扑救金属燃烧火灾。

灭火时,可手提或肩扛灭火器快速奔赴火场,在距燃烧处5米左右处,放下灭火器。如在室外,应选择在上风方向喷射。

使用的干粉灭火器若是外挂式储压式的,操作者应一手紧握喷枪,另一手提起储气瓶上的开启提环。如果储气瓶的开启是手轮式的,则向逆时针方向旋开,并旋到最高位置,随即提起灭火器。当干粉喷出后,迅速对准火焰的根部扫射。使用的干粉灭火器若是内置式储气瓶的或者是储压式的,操作者应先将开启把上的保险销拔下,然后握住喷射软管前端喷嘴部,另一只手将开启压把压下,打开灭火器进行灭火。

有喷射软管的灭火器或储压式灭火器在使用时,一手应始终压下压把,不能放开,否则会中断喷射。干粉灭火器扑救可燃、易燃液体火灾时,应对准火焰

根部扫射,如果被扑救的液体火灾呈流淌状燃烧时,应对准火焰根部由近而远,并左右扫射,直至把火焰全部扑灭。

如果可燃液体在容器内燃烧,使用者应对准火焰根部左右晃动扫射,使喷射出的干粉流覆盖整个容器开口表面。当火焰被赶出容器时,使用者仍应继续喷射,直至将火焰全部扑灭。

在扑救容器内可燃液体火灾时,应注意不能将喷嘴直接对准液面喷射,防止喷流的冲击力使可燃液体溅出而扩大火势,造成灭火困难。如果可燃液体在金属容器中燃烧时间过长,容器的壁温已高于扑救可燃液体的自燃点,此时极易造成灭火后再复燃的现象,若与泡沫类灭火器联用,则灭火效果更佳。

使用磷酸铵盐干粉灭火器扑救固体可燃物火灾时,应对准燃烧最猛烈处喷射,并上下、左右扫射。如条件许可,使用者可提着灭火器沿着燃烧物的四周边走边喷,使干粉灭火剂均匀地喷在燃烧物的表面,直至将火焰全部扑灭。

七、常用消防安全标志

图1　　　　　　图2　　　　　　图3

标志名称:发声警报器(如图1)

可单独用来指示发声警报器,也可与消防手动启动器标志一起使用,指示该手动启动装置是启动发声警报器的。

标志名称:火警电话(如图2)

指示在发生火灾时,可用来报警的电话及电话号码。

标志名称:安全出口(如图3、图4)

图4　　　　　　图5　　　　　　图6

指示在发生火灾等紧急情况下,可使用的一切出口。在远离紧急出口的地方,应与疏散通道方向标志联用,以指示到达出口的方向。

标志名称:滑动开门(如图5、图6)

图7　　　　　　图8　　　　　　图9

指示装有滑动门的紧急出口。箭头指示该门的开启方向。

标志名称:推开(如图7)

本标志置于门上,指示门的开启方向。

标志名称:拉开(如图8)

本标志置于门上,指示门的开启方向。

标志名称:击碎板面(如图9)

指示: a.必须击碎玻璃板才能拿到钥匙或拿到开门工具;b.必须击开板面才能制造一个出口。

图10　　　　　　图11　　　　　　图12

标志名称:禁止锁闭(如图10)

表示紧急出口、房门等禁止锁闭。

标志名称:灭火设备(如图11)

指示灭火设备集中存放的位置。

标志名称:手提式灭火器(如图12)

指示手提式灭火器存放的位置。

标志名称:地下消火栓(如图13)

指示地下消火栓的位置。

标志名称:地上消火栓(如图14)

指示地上消火栓的位置。

图13 图14 图15

标志名称:消防水泵接合器(如图15)
指示消防水泵接合器的位置。

图16 图17 图18

标志名称:逃生梯(如图16)
指示消防梯的位置。

标志名称:禁止吸烟(如图17)
表示吸烟能引起火灾危险。

标志名称:禁止烟火(如图18)
表示吸烟或使用明火能引起火灾或爆炸。

图19 图20 图21

标志名称:禁止放易燃物(如图19)
表示存放易燃物会引起火灾或爆炸。

标志名称:禁止带火种(如图20)
表示存放易燃易爆物质,不得携带火种。

标志名称:禁止燃放鞭炮(如图21)
表示燃放鞭炮、焰火能引起火灾或爆炸。

图22　　　　　　　　　　图23

标志名称:疏散通道方向(如图22、图23)

与紧急出口标志联用,指示到紧急出口的方向。该标志亦可制成长方形。

第五节　预防盗窃

一、怎样预防扒窃

1.除非迫不得已,不要携带大量现金和贵重物品到人多拥挤的地方;如必需带的钱款很多,应分散放置在内衣口袋里,将拉锁拉好、扣子扣紧;除购买商品和必要零用钱外,应将钱款分散妥善藏好,并记住自己所带钱款和贵重物品的独有特征,以便被盗后能辨认。

2.绝不要把钱夹放在身后的裤袋里,最安全的地方是放在拉链旁边的贴身裤袋里;乘坐公共汽车,不要把钱夹放进上衣口袋里,否则,当伸手去拉扶手时,钱夹就暴露无遗。如带包乘车,钱或贵重物品不要置于包的底部和边缘,并且应将包置于膝上、胸前或用手护住;在商店试穿衣服时,不能让包脱离视线。

3.去商店购物,如果是骑自行车,切不可将提兜挂在车把上或放到货架上;准备购物事先应对何处经销、规格、价格有大体了解,避免携款盲目乱窜;在人多眼杂处应尽量减少翻动现金,不要不停地摸放钱的地方;在看商品时,不要将包搁在一边不管。

4.当在商店、市场或售票处等人多拥挤场所,周围突然出现不明原因的骚动、起哄并发生拥挤时,应紧紧看住自己的包,如发现眼神、行为异常者应加倍警惕;当在车上,汽车起步、刹车、转弯、上坡、下坡时要提高警惕,发现有买到终点站或较远车站车票但没到站就提前下车的人,或车上有其他异常情况时,有必要检查一下自己的钱款是否被盗。

5.上夜市或在电影院看电影时,突然停电,必须握紧提包,并立即变动位置以免发生意外。

6. 酒后不宜携款购物,更不宜携款出入拥挤场所。

7. 不要以为自己从来没被扒窃过便麻痹大意;不要认为自己身强力壮而扒手不敢偷自己。

8. 乘坐火车,贵重物品不要放到行李架上,要随身携带,如不便应将其分散于其他行李包里,装有现金的衣服不要挂在衣帽钩上;有事离开座位,时间不能太长,不应轻易将物品托陌生人看管,最好请乘警或服务员帮助;夜间行车时,遇到停车或中途到站,要察看自己携带的行李,特别是放在行李架上或卧铺底下的物品。

9. 遇被扒或看到别人被扒时不要慌乱,要等到时机成熟时突然行动,将扒手抓获,尽量做到人证、物证、旁证齐全;发现被盗而无法找到扒手时,应尽快到商店、集市等公共场所的治安保卫部门、公安机关报案;在车上发现或抓获扒手后,应通知售票员或司机,不要开车门,根据实际情况将车开到公安部门或就地停车检查,同时注意是否有人往车地板上或车窗外扔赃款、赃物。

二、如何识别扒手

扒窃是社会一大"公害",抓扒手人人有责。不管扒手在扒自己的钱包还是扒别人的东西,一经发现,都要坚决与之斗争。抓扒手,先要注意识别认准扒手,"一看衣服,二看面目,三看表现,四看动作"。据行家研究,扒手行窃,"寻找目标时,眼珠四转;观察动静时,侧目斜视;正在作案时,两眼发直;作案得逞时,余光观人"。具体辨识,要注意四看:

1. 看衣着。扒手的衣着多数是:上衣肥大,袖子较长,不戴帽子,个别戴绒线筒帽子,外衣习惯用暗扣和拉链,脚穿系带鞋。

2. 看眼神。扒手的眼神与普通人有明显的不同,其主要特征是:无论处在什么场所什么情况下,两眼总是盯住人家的衣兜、皮包。临作案时,总要环视一遍四周是否有人在注视他。下手掏包时,往往由于全神贯注,屏住呼吸,精神紧张,两眼发直、发呆,脸色时红时白。

3. 看表现。扒手的反常表现很多,突出者有四。一是窜转:在汽车站和车上,两头窜动;在商场里楼上楼下转来转去。此刻,扒手正在物色扒窃对象。二是尾随:选中对象后,尾随其后,跟着不放,伺机下手。三是钻挤:在上下车人多拥挤的场所,不往空处钻,专向人多的地方挤。四是试探:借行车晃动而往反向偏的机会,用胳膊的下部或手背触探被扒人的衣袋,弄清里头是否有钱,并察看被扒人的反应如何,然后行窃。

4. 看动作。扒手行窃的基本动作,一是贴靠:乘人多拥挤的机会,尽量与被扒人贴靠，或并位相坐，或相挨站立。二是挡掩：借车内外发生的新奇事，分散被扒人视线和精力，掩护作案。三是掏割：借故与被扒人相撞，乘机割包掏钱，或借故将被扒人或手袋撞跌，装着帮助扶捡的刹那，神不知鬼不觉，便将钱物掏走。

抓扒手要通过上述"四看"，察言观色，综合分析，识别扒手或扒窃嫌疑分子。捕捉时，坚持非现场不抓，而且要把握好时机，讲究策略和方式方法。一靠视觉，从动作表情上发现、认准扒手。二靠感觉，利用身体靠近扒手，力求人赃俱获。要胆大、心细、稳妥，防止被扒手反咬一口。如遇扒窃团伙，还要善于分化瓦解，逐个击破，力求一网打尽。

三、闹市区家庭的防盗措施

闹市区是一个城市中比较繁华、人口比较密集、流动性较大的中心地段。

这类地区一般都是商业区和居民区交错混杂，一些盗窃犯罪分子也往往混迹其间，大肆进行入室盗窃等犯罪活动。由于闹市区地理环境和治安情况相当复杂，因此，搞好城市闹市区家庭防盗工作的难度较大。根据一些城市的经验，搞好城市闹市区的家庭防盗工作，应注意抓好以下几个方面的工作：

1. 加强区域性治安联防，布建面上的防范网。也就是以派出所为单位，组织三方面的力量加强区域性的治安巡逻工作。一是把派出所辖区的部分退休职工组织起来，成立地区治安保卫委员会，看车护院，专门维护辖区公共复杂场所和繁华街道的治安秩序。二是由辖区的工厂企业、事业单位，按照职工多少的比例派人或出资雇人与派出所的执勤力量结合起来，实行厂街联防，主要担负夜间和重点街道（场所）的治安巡逻。三是原来的街道治保会，有条件的仍然要发挥"路包路、院包院，治保干部包一片"的查夜巡逻制度，从而形成由社会各界参加的广泛的治安防范网络。

2. 对居民区实行安全综合治理。可以采取城市公寓或居民住宅管理机构，配备专职管理人员，成立家庭安全委员会和治保会，建立社区治安办公室，组建辖区治安巡逻队的方法。同时，有条件的地方，还可以由厂矿企业资助在住宅区开办小商店等第三产业，这样既可以解决治保经费，使之持之以恒地坚持下去，又便利了居民的生活。同时，也可以在厂企单位的资助和居民部分集资下建起能容纳一定数量的自行车、摩托车的存车处，设专人看管，从而使城市闹市区的治安防范措施更加严密。

3. 充分发挥居民互助组的联防作用。首先，街道治保干部走门串户，积极动员离退休和待业人员，组织邻里安全互助组，建立互助组安全承包责任制和值班护院制度，对安全预防好的互助组，由派出所每月发给一定的奖金，经费来源由地区治保会负责。这样,把竞争机制引入互助组这个治安组织形式中,就可以调动群防群治的积极性。

四、新建住宅区的防盗措施

高层住宅群的兴起,给城市居民生活带来的好处自不待言,但也给安全防范特别是家庭防盗工作带来了许多新的问题。

新建楼群社交空间狭小。高层住宅虽然居住条件优越,在外观上也颇具现代化气息,但在社交空间上,特别是在家庭防盗方面,与四合院、大杂院就无法相比了。

新建楼群安全设施不配套。比如不少楼群没有围墙,即使有围墙,也很低矮,而且出入口处也无专人值班;有的新旧楼房交错,建筑结构不一,为巡逻防范和邻里之间守望相助带来了许多困难。近年来,有些建筑施工单位在建房上追求低造价、高速度,质量低劣已成为普遍现象,比如门窗所用板材很薄,制作简单、粗糙,牢固性能差。

另外,目前的高层居民住宅大多是板式结构,板式住宅的特点是上下左右,四通八达,狭长的内廊通道接连多个单元门口。这对发生地震、火灾,及时疏散群众是有利的,但给控制盗窃犯罪分子带来了诸多不便。一般说来,入室作案,大体分为三个阶段:观察、作案、逃遁。板式住宅四通八达的特点为犯罪分子作案后逃离现场打开了方便之门。

根据各地经验,总结出高层住宅的防卫措施,有如下几条:

1.实行"公寓式"管理。凡是单位的自管楼,由单位自己出资出人,将楼群圈上围墙,并在围墙出入口处设立传达室,由单位退休职工担任传达员,负责整个楼群的安全防范工作,既可分管各户的报纸、信件,还可以盘查进入楼内的陌生人。因此,这就要求值班人员熟悉每家每户情况,做到识人知名、知门牌号。对来客访亲会友的一律实行严格的来者登记、走者销号的制度。

2.由街道出资或集资雇人巡逻、护楼。建房单位与守护人员签订合同书,规定执勤时间内发生家庭被盗案件的,由守护人员赔偿被盗财物的20%～30%的损失费,一段时间内无家庭被盗案件的,单位可酌情给予奖励,守护人员的工作由当地公安派出所负责指导。

3.组织楼内住户轮流值班。这种自助形成的守护办法也颇为有效。如果在一个楼群或一个单元内有身体状况比较好的离退休人员,可由建房单位出资补贴,或居民集资雇请来负责守护,这样就可以缓解楼内住户轮流值班与忙于工作的矛盾。

4.安装家庭防盗报警器。多路声光防盗报警器用于居民住宅的安全预防中,有较好的效果。这种报警器结构简单、安装方便、造价低廉,防盗效果较好。每台报警器有 300 多个报警装置,可同时控制 300 余户,即 8～10 栋楼的报警问题,平均每个报警装置也只在 60 元左右。一旦犯罪分子强力撬锁、破门、破窗、砸玻璃时,值班室即刻有声光报警,并可以指示出哪一户发生了异常情况,对预防家庭被盗,及时抓获入室行窃的犯罪分子能够起到意想不到的效果。

5.高层住宅配备无线电对讲机。对讲机的控制器可设在大楼底层传达室,由值班人员掌握,有号位码,可以任意组合大楼室号,有来访者,值班人员可随时与各户联系,防止犯罪分子进入楼内作案。

五、如何保护被盗现场

居民或邻居如发现家中被盗后,请不要过于惊慌,首先要保护好现场,否则,就会给破案增加难度。犯罪现场是追溯判断犯罪活动和犯罪人的客观物质基础。只有把犯罪现场保护好了,公安人员才有可能亲自观察到犯罪现场的原始状态。反之,现场的原始状态发生变动,一些与犯罪活动有内在联系的痕迹、物品遭到破坏,一些与犯罪毫无关系的痕迹、物品又出现在现场中,公安人员就难以对犯罪活动做出准确的判断。只有把犯罪现场保护好了,侦察人员才有可能把犯罪分子遗留下来的手印、脚印、犯罪工具等所有痕迹、物品收集起来,而这些正是揭露和证实犯罪的有力证据。否则,就无法得到破案线索和证据。

根据我国刑事诉讼法第 72 条的规定,任何单位和个人,都有义务保护犯罪现场。任何公民在发现犯罪现场后,都应立即报告公安机关,同时,采取有效措施,严密保护现场,避免现场受到人为或自然的破坏。公安人员到达现场之前,不要让任何人进入现场,即使是参与保护现场的干部群众,也要劝阻他们不要无故进入,特别是要严禁触摸、移动现场物品,也就是说,既不使现场减少、损坏任何痕迹、物品,也不使现场增加、移动任何痕迹、物品,应一直保持发现时的原始状态。做到了这一点,也就较好地完成了现场保护的任务。

家庭被盗案件现场保护,主要分为露天现场的保护和室内现场的保护两种。

就家庭被盗案件来说,露天现场相对较少,但像盗窃放置在楼梯间、院子内等露天处的自行车、摩托车、拖拉机、汽车等物的案件也时有发生。所以,对这类案件,应在发生案件的地点和遗留有与犯罪有关的痕迹、物品的一切场所周围布置警戒,即绕以绳索或用石灰粉画一警戒圈,禁止无关人员进入。对于平房大杂院内的现场,可将大门关闭,对院内的住户,可划出一定通道行走,着重把重点地段严密保护起来。

室内现场的保护,通常的办法是将出事的房间和室外进出该房间的路线及可能留有犯罪痕迹、物证的场所,一并封闭起来,布置警戒,贴出告示,或者绕以绳索,禁止一切人员入内,具体的做法可根据现场环境灵活地确定。如果案件是发生在独门独院的房间里,可在房门和房间周围四五米的地方,画出一道警戒线,设岗看守。如果案件是发生在楼房的室内,可在出事房间的门窗外设岗看守。封闭室内现场的同时,对痕迹、物品就地保护起来。对于保护范围小的室内现场,在勘查现场的人员不能及时到达的情况下,也可以先将门窗封闭起来。但应事先记明门窗的原始状况,如门是敞开的还是关闭的,门锁是完好的还是已经破坏的,窗户是敞开的还是关闭的,窗帘是撩开的还是垂闭的,玻璃和窗纱有无损坏,门窗周围有无痕迹、物品等。在封闭门窗时,不要接触门柄、锁头等可能留有犯罪痕迹、物证的地方,以免把自己的指纹留在上面,给现场勘查、认定犯罪分子带来不必要的麻烦。

六、报案和配合公安人员现场勘查须知

居民一旦发现自己家中或邻居家中被盗,要立即把犯罪现场保护起来,再设法追捕。堵截犯罪分子的同时,迅速报告当地公安派出所或保卫部门,如果向当地公安派出所或保卫部门报告不方便的话,也可以越级直接向上一级公安机关报告。家庭被盗案件在报警时,一要快,二要准,也就是说要实事求是,切不可掺杂有任何虚假的成分。当然,案子刚刚发生,别说邻居,就是失盗者本人也难以说情现场的具体情况和失盗钱物的具体情况,这与报假案情有着本质的不同。所以,报案时要讲清或基本讲清以下五5个方面的情况:

1. 时间。包括案件发生的时间、发现被盗的时间和保护现场的时间。如果案发的时间一时难以说清,可以向公安机关提供失盗家庭何时无人,或邻居提供何时失盗家庭尚未出事等情况,以便推测其失盗时间。

2. 地点。即案件发生的具体地点。城市居民要讲清失盗家庭居住在什么街巷、哪个里弄、楼栋楼层、门牌号码等;农村居民要讲清失盗家庭所住乡镇、村组的名称和大体方位,必要时还要介绍前往现场的大体路线等,以便公安人员以最快的速度赶赴现场。

3. 物品。即被盗了哪些物品。如果由于现场已被保护起来,一时说不清楚的话,可简要报告一下家中有何贵重物品有可能被盗,贵重物品及现金、存款单及各种有价证券的存放地点等。

4. 身份。即发现人。报案人、失盗人的姓名、年龄、性别、职业、住址等基本情况,以便下一步公安人员进行破案。

5. 经过。报案时要把案件发生发现的经过简要叙述一下,以便使公安人员心中有数,有利于现场勘查和下一步的破案工作。

在公安人员勘查现场前,除报告前边谈到的有关情况外,还要报告以下3个方面的情况:一是现场保护前的情况和现场保护过程中已采取了哪些措施;二是现场发生变化、变动的情况,包括哪些人何时因何原因进入过现场,到过现场的哪些地方、部位,接触过哪些痕迹、物品等;三是已知的盗窃案件的在场人、目睹人、知情人的姓名、职业、住址等,发案前后发现的疑人疑事,以及周围群众对案件的种种议论、反应等。受害人还应配合公安人员进行现场调查。

现场调查的内容,要根据公安人员的需要,尽可能地回忆反映出来,比如向公安人员提供犯罪分子的体貌特征。因为,查明犯罪分子的体貌特征,是确定侦察方向、范围,采取措施查缉犯罪分子的前提条件,居民群众在提供犯罪分子的体貌特征时,应当尽可能地从以下9个方面来介绍:

1. 性别。

2. 年龄。如果不能指明具体的岁数,可用青年、中年、老年等表示,或者用多少岁至多少岁之间、多少岁左右来叙述。

3. 身高。

4. 体态。根据平时的印象,一般根据胖瘦情况,可分为很瘦、瘦、中等、偏胖、很胖5种类型。

5. 相貌。主要是指头、头发、脸形、脸色、额、眉、鼻、嘴、下巴、胡须、牙齿、耳朵以及颈、肩、背、胸、四肢等的大小、形状、颜色以及有无残缺、畸形,某个部位有何突出的特点。

6. 衣着打扮。主要指大衣、上衣、裤子、裙子、帽子、鞋、围巾、领带等式样、颜色、质量、图案花纹、新旧程度,以及有无佩戴饰物,如戒指、手镯、领花、耳环、发带等。

7. 口音。主要是指声音的大小、清晰程度,以及有无地方口音、口气、嘶哑等。

8. 动作习惯。主要指身体器官在站立、行走和完成某种动作时所表现出的各种特点,如姿势、步法、表情等。

9. 特别记号。主要指人身器官的各种异常现象、肌体缺陷和人为添加的特点,如斑、痣、瘤、瘊、疤、文身等。

当然,在很短的时间内不可能处处都能看得很清楚,但只要留意,发现其某一部位有某一种特点、特征,是完全可以办得到的。

犯罪分子作案时,常常会把自己的或者从别处带入的物品有意无意地丢弃或者遗落在现场或现场周围地区。所以,失盗者和其他周围群众在发现被盗后,要注意区别被盗家庭的物品和犯罪分子遗留的物品,并向公安人员讲明。主要是:

1. 各类凶器,如匕首、三角刀等。

2. 衣服、鞋帽、围巾等。

3. 伪装用品,如口罩、蒙面布、手套等。

4. 随身日用品,如眼镜、钱包、手提包、毛巾、手绢、钥匙、雨具,以及证件等。

5. 烟头、烟具和吃剩的食品等。

6. 从别处带入现场的各种物质,如泥土、油漆等。

7. 犯罪工具、交通工具等。

居民在反映上述情况时,一定要坚持实事求是的原则,有些连自己也拿不准的情况,也可以提出来,但要说明由于种种原因不可能很确切,仅供公安人员参考。对于一时想不起来的有关情况,经过回忆后还可以继续向公安人员补充反映,以便于公安人员综合分析,及早破案。

第六节 家庭意外的预防

一、家庭事故的特性

在家庭生活中所发生的人身和财产损失事故,大体具有如下特性:

1. 偶然性。从本质上讲,事故属于在一定条件下可能发生,也可能不发生的随机事件。比如有这样的例子:一个人用一粒米扔过去,另一个人向后让,脑后撞到墙上的锈铁钉,受刺死亡;一个司机运空棺材,搭车老人怕雨,躲在棺材里,雨停后,老人出来吓死一人,另一人怕鬼跳车跌死。这两个事例都是偶然性事故。但深入分析,它们的发生又有一定的必然性,如果没有事先的不安全行为,这样的后果是不会出现的。

2. 因果性。任何事故的发生,都有一定的诱因,如上面所提到的两例。要避免不期望的事故后果,就得从事故原因入手,将可能的事故消灭在潜在状态。防患于未然,就是这一道理。

3. 技术性。不懂日常生活中的有关技术,从而违背客观规律行事,导致事故发生。如不按规定使用家用电器,触电身亡;走路不遵守交通规则,撞车死亡等。

4. 无知性。不掌握生活中的有关常识,反其道而行之,制造事故。例如有些食物的相忌性,如不知道,会误食中毒。在生活中,由于不了解有关安全知识而制造的事故屡见不鲜。

5. 盲目性。对有关事情似懂非懂,盲目行事,以侥幸取胜,从而导致事故。

6. 失误性。家庭生活安排杂乱,无良好的习惯,从而经常失误,引起事故。例如,将亚硝酸盐当食盐用,严重中毒;使用液化气罐不习惯关总闸,漏气中毒;肥皂粉、去污粉、盐等易混物品无明显标记,经常造成失误。

7. 打赌性。生活中年轻人喜欢打赌、开玩笑,这种行为是引起事故的重要因素。

8. 乐极生悲性。乐极生悲,生活中喜庆中的事故常有所闻。如放爆竹炸死新娘,过年过节放鞭炮引起火灾,暴饮暴食导致生病等。

9. 衰老、年幼性。老人由于健忘、动作迟缓,小孩由于无知、好奇,常常是事故的直接引发者。

了解家庭事故的这些特性,对预防事故大有好处。

二、怎样防止家中意外

自己的家是个安乐窝,但也可能是世上最危险的地方。家中很多看来极寻常的物品,不但可能伤人,而且能致命。家中每一个角落,不论是厨房、客厅、浴室或卧室、露台以至花园等,都有潜在的危险。大小意外事件尤其容易发生在儿童及老年人身上。

因此在家中一定要采取安全措施,减少自己和家人面对的危险。请细阅本条提到的家中易生意外之处,并且经常保持警觉,防止悲剧发生。市面上有一些安全装置,如烟感报警器、漏电断路器之类,既便宜又容易安装。烟感报警器能在火灾未蔓延时就发出警报,房子里的人可及时逃生;断路器则会在电器漏电或过载的时候截断电源,以防触电、火灾等事故。下面是家中易生意外之处:

(一)厨房

家庭中许多事故,如烫伤、失火等,都在厨房发生。若能留意安全守则,完全可以避免。

1. 做饭时,一切有柄炊具的把应该指向墙壁。这样有人经过炉旁,不会碰翻锅子,小孩也不会轻易抓到把手,打翻锅子而烫伤。

2. 煎炸时应小心看顾炊具,不要离开;所放的油不要深过锅子深度1/3;油煮沸的时候,注意不要溅进水滴。

3. 烹制油炸食品,要预备锅盖及大块湿毛巾,一旦起火,可以用来灭火,不要向油锅上泼水。

4. 炉灶要经常检查、清洗,确保操作正常。此外,炉旁不应放置易燃物品,更不要张挂窗帘、布块、塑料袋等。

5. 使用高压锅时,用多少水要遵照说明书指示,并留意时间,以免烧焦食物。

6. 油溅在地上须立刻抹掉,松脱或翘起的瓷砖也须重新粘牢,以防滑倒、绊倒。

7. 不要用湿布或薄布抹烤炉膛。

8. 炉灶上方墙壁只适宜悬挂不太笨重的炊具。

9. 炊炉火头勿开得太大。火舌在锅的边缘缭绕,不仅浪费燃料,还会将锅的把手烧得很烫,塑料把手甚至会烧裂或熔掉。

10. 空塑料袋和食物袋妥为收藏,小孩拿到套在头上玩耍,紧贴脸部,可能导致窒息。

11. 厨房里放置常用物品的架子应伸手可及,或者买一架结实的梯子,以便爬高拿东西。

12. 把漂白剂、消毒剂之类有毒的用品放在高架子上或有锁的柜内,使小孩拿不到。不要把有毒液体盛在食物容器里或者和食物一起贮藏。

13. 刀子应该放在小孩拿不到的地方。

14. 厨房壁柜的门打开后要随后关上,柜门的尖角容易把人碰伤,齐眼高的就更加危险。

15. 大型电器如冰箱、洗衣机、滚筒干衣机等,要提防小孩子可能钻进去。

16. 电饭锅、水壶上常有插接的电源线。把插头从这类电器上拔下前,一定要关上墙上插座的开关,切断电源;若是插座没有开关,也得先拔插座的插头。通电流的电源线的接头万一掉进液体里,会立刻引起短路,不但会烧断保险丝,还足以把整个接头爆裂。

17. 如果通电流的接头掉在水里,要迅速拔下插头,切断电源,然后握着电线把接头提出来,不切断电源就伸手进水里,会触电,酿成严重伤害。

18. 如插头、电源线或接头弄湿了,要切断电源,把湿的部分里里外外完全弄干才可再使用。

19. 如果手是湿的,切勿触摸电器用具的开关。

(二)浴室和厕所

最常见的意外是在浴缸里滑倒。儿童遭溺的意外较少发生,但也并不是全无可能,应该防范。

1. 如浴缸表面或淋浴间的地面是滑溜溜的,应铺上浴室专用的橡胶垫,或粘上防滑的添加材料,以防滑倒。

2. 在浴缸旁的墙上装设扶手,对上了年纪的人以及一些浸浴后站起时会头晕的人,尤其有用。

3. 如有淋浴设备,最好装一个恒温器,以防烫伤,或者买一个装有恒温器的淋浴莲蓬头。

4. 浴室的电灯、热水器及其他电器通常都由浴室外的开关控制,或由装在天花板的拉绳开关控制,这样就不会同时接触水和开关。电剃须刀是唯一的例外,其特别设计的电源插座装有绝缘变压器。

5. 不要在浴室之内使用交流电电器,例如交流电收音机等。水蒸气会在收音机壳内外凝结,引致机壳导电,一碰就会触电。用干电池的收音机则安全,其电压低,不会有危险。

6. 溅了水的地面要抹干,以防滑倒。

7. 在地上铺的垫子,其底部必须能吸附地板,不会轻易滑移。

8. 不要把小孩独自留在浴缸或浴盆里。如必须暂时离开,须把小孩也带出来,用毛巾包裹,以免着凉。

9. 不要把漂白剂或以漂白剂为主的洗涤剂和其他厕所清洗剂混合,否则可能产生有毒气体。

(三)客厅和饭厅

客厅和饭厅是家人日常休息、用膳和儿童玩耍的场所,但也是家中有潜在危险的地方。

1. 插座不可负荷过重。如电器太多,应该多装插座,尽可能不采用延长电线。

2. 电灯和其他电器的电源线不可随地散布,以免把人绊倒。电线也不可藏在地毯下面,否则可能过热,而且损坏了也难以察觉。

3. 地毯要平,不可有翘曲,而且要固定在地板上,磨破了就得修补,木地板要用防滑地蜡。

4. 不要在椅子或沙发靠背、扶手上放烟灰缸。现代许多装上软垫的家具,都是填充泡沫塑料的,一着火就会散发有毒气体和浓烟,可以致命,这种烟雾往往比火焰危险得多。

5. 客厅如放置大型金鱼缸,应有盖子,以防止儿童遇溺。

6. 家中如有幼儿,饭桌不要用垂下四边的桌布,免得小孩拉扯桌布,把上面烫热的食物倾翻在身上。

7. 客厅装置的落地玻璃窗前,不可放置小地毯或垫子,以防把人绊倒,撞破玻璃而致伤。

8. 不要让小孩玩弄折叠桌,钢管造的桌脚夹住小孩颈项,能引致窒息。

9. 晚上要检查电器插头,最好是从插座拔下来。冰箱、时钟、计时器、防盗设备、录像机等长久操作的电器,则不在此限。

10. 最好置备小型灭火器,并掌握其使用方法。

（四）卧室

卧室中比较常见的意外是失火、触电、从双层床跌下等。

1. 窗帘、百叶窗的拉绳要小心缚好，以免小孩玩弄，缠绕颈部，引致窒息。

2. 电热毯要每年检查一次，要看看电源线有没有变脆或破裂。睡觉时，电热毯不要老开着，否则可能过热，烧着褥子。如电热毯太残旧，可能导致触电。

3. 床头灯泡的瓦数不可过高，灯泡太热，可能烧着灯罩，引致火灾。要购买不可燃或耐热灯罩。

4. 不要用布或纸盖着灯罩来减弱灯光，这样做很容易失火。可改用瓦数较小的灯泡或较深色的灯罩，装设减光开关则更方便。

5. 摸黑走动也很危险，床边应该常备小手电筒。容易绊脚的电线或家具要移开。

6. 可考虑在床边多装设一部电话。老人家万一生病或有意外，可能无法下床接电话，如果有床边电话就方便多了。

7. 不要在床上抽烟。

8. 小孩卧室的窗栅要装上安全锁，不要靠窗放置家具，以免小孩由此爬上去摔到窗外。

（五）楼梯和楼梯平台

在楼梯上失足跌伤是家中很常见的意外，伤者大多是小孩。

1. 楼梯和楼梯平台的地毯应完好无缺，并且牢牢固定。松脱、翘曲或破烂的地毯容易把人绊倒。

2. 楼梯旁至少要安装一条结实连贯的扶手。如家有老人，梯级两边都应该装上扶手，梯间应有充足光线。

3. 梯级扶栏竖杆间距不可太阔，以免小孩把头伸进去；也可用木板封住竖杆间所有空隙。

4. 有些楼梯的踏步板下没有竖板，应加装木条或木板填塞，这样小孩就是爬到楼梯上，也钻不过两级之间的空隙。

5. 楼梯顶和楼梯脚都装上栅栏，以防幼儿摔下或独自攀登。

6. 楼梯脚不要装玻璃门，不然的话，有人摔下楼梯，不但跌伤，还会被玻璃割伤。

7. 不要在楼梯上放置杂物，以免绊脚，同时可以减少摔下楼梯的危险。

6. 使用梯子。做家务时如要爬高，即使是更换灯泡，也要使用梯子。不要嫌搬梯子麻烦而踩在凳子上。凳子没有梯子那么稳，失去平衡时也没处可抓。

三、幼儿在家中的安全措施

家中有幼儿便要特别注意安全措施。一般来说,要注意电器用品、笔筒、钱币、衣扣、万用夹、发夹等,以免引致窒息或其他伤害。身为父母的,尤应注意如下安全事项:

1. 电插座不用时应加上安全插头,以防孩子把手指插进去。

2. 家庭盆栽花草可能有毒,因此如常青藤、圣诞花等就不宜在家中种植。如果孩子吞食有毒植物,应立刻带孩子到医院求治。

3. 玩具箱亦会引致严重受伤,尤其箱盖砸到孩子身上,如果孩子被困在箱里就会窒息,应选择一个没有盖的玩具箱。

4. 小孩子的浴水不能太热,最好用温度计量一下,再放孩子到浴缸去。

5. 浴缸内应放一张防滑胶垫。最重要的是,千万别让孩子独自留在浴缸内,不足两寸的水亦能造成幼儿遇溺。

6. 药物及有毒物品应放在孩子伸手拿不到之处。就是无害的东西,如漱口水都会引致意外。为孩子着想,应设置一个有锁的药箱。

7. 浴室内尽量不放电器用品,如吹风机、剃须刀之类,当孩子开始四处"探险"时,就要把这些物件拿出浴室。

8. 锁起一切有危险性的物品,如火药、清洁剂、酒精、刀子、易碎品等。

9. 饭桌最好不铺桌布,改用餐垫,预防孩子把整桌食物扯下。

10. 灶上的锅,应把手柄转内,以防孩子一拉手柄,热食物照头淋下。

11. 不要把孩子单独留在桌上或台面上。为其选择一个有栏杆的小床。若为双层床,则要给上铺装上保护栏。不要使用皮带和背带,以免孩子捆在里面造成窒息。注意栏杆栏距不要超过 8 厘米。

12. 不要在孩子房间的窗户下放置小桌、书架或其他可以攀登的家具。

13. 不要给孩子易碎的普通玻璃餐具。

14. 在玻璃门窗上粘上专门的透明塑料胶带,玻璃破碎时可以使孩子免受伤害。

15. 不要让孩子玩塑料薄膜口袋。塑料经摩擦就会产生静电,贴附在口鼻附近的皮肤上会使孩子窒息。

16. 不要把能放在嘴里和吞咽的小东西或可拆卸的玩具给孩子玩。

17. 不能让孩子单独上阳台或在阳台上放置能使小孩攀登的家具。

18. 不能让孩子单独进入正在做饭的厨房。

19. 不能买易燃布料给小孩做衣服。

20. 把家长的全名、工作单位、电话一一写下,缝在孩子的衣服里,这样孩子丢失后,发现者可借此找到家长。

21.培养孩子的警惕性。如果发觉大门敞开、虚掩或是窗户打破了,或是任何异常情况出现,千万别进屋门。孩子应立刻到邻居家求助,或通知家长赶紧回家。

22.父母应教育孩子平日锁好铁门,隔着铁门看到的是陌生人,便不要开门,并教育小孩小心应付。

23.平时要指导孩子一旦发生火灾怎样以最快速度、最安全办法逃出家门。切勿将孩子一人反锁在家里。

四、老年人意外事故的预防

由于老年人体力差,活动不灵便,身体协调功能衰退,不易维持平衡,并且由于视觉听觉方面的迟钝,对危险环境和突发情况不易做出判断、反应和躲避,因此比较容易发生跌倒、碰倒等意外。

老年人内分泌和代谢功能的改变,以及饮食食量减小,蛋白质和各种维生素的摄入量受限,往往会出现不同程度的骨质疏松和肌肉萎缩。这使得骨骼和肌肉承受外力的能力降低。

不少老年人还患有血压偏高、动脉血管硬化等疾病,因此当跌倒和磕碰时,就容易发生骨折、外伤、中风、偏瘫等意外。如何防止这些类意外事故的发生,对老年人来说十分重要。

有老人的家庭,各居室的家具应力求简单、实用,尽可能靠墙摆放,同时也不要轻易改变位置。夜尿频繁的老人可在床边放置尿壶,缩小老人夜间的活动范围,以减少磕碰或摔倒。有条件的家庭在老人常活动的场所最好能铺设地毯或地毡,一旦摔倒,也可减轻受伤程度。

久病或长期卧床的老人,起床时的起身动作要慢,起身动作过快过猛会使脑内血量相对减少,造成暂时性脑贫血,出现头晕、眼花、心慌,容易跌倒。老人落座时不要猛然坐下,久坐后也不宜猛然起身、拔腿便走,应缓缓站起在原地站立片刻再走。洗脸、漱口都最好坐着,不要单腿站立穿脱鞋袜。由下蹲姿势到站起来更应缓慢,且应站立一会再走。要尽量少做低头弯腰动作。

老人还应注意回头不要过猛,因猛回头时可能会因椎动脉受压弯曲或因颈部交感神经受刺激而导致脑血管痉挛。这两种情况都会造成脑部供血量减少和脑血管血液流速减慢。轻者可发生暂时性脑缺血,出现眩晕、恶心、呕吐、复视、耳鸣、四肢轻瘫等症状,甚至有一侧身体感觉障碍、强迫头部和倾倒发作;而重者可形成椎动脉脑血栓,血栓形成的一侧共济失调,面部痛感消失,有的出现偏瘫。尤其是有高血压、动脉硬化、高脂血症、颈椎病、颈椎骨质增生等症的患者,应切记颈部活动时速度要慢、时间要短、强度要小。

老人洗澡时应注意水温不要过高，时间不能太长。长时间在热气和热水中沐浴容易引起脑供血不足而致虚脱。此外饱餐后和饥饿时都不宜洗澡。因进餐后随着胰岛素分泌可导致循环血量的急剧下降，引起餐后低血压，如立刻运动或洗澡，易发生意外。而饿着肚子洗澡则易出现低血糖性休克。一旦在洗澡时出现头晕，应选通风处迅速平卧，并使头部稍低，若能喝杯糖水则可加速缓解。心脏病患者不宜洗盆浴，即便要洗也应注意不要把胸以上的部位浸在水中。

浴室的地面和浴盆通常较滑，易滑倒而造成头颅、肋骨、肢体骨折和内脏损伤。因此，在洗浴和穿脱衣物时要扒住扶手、栏杆或坐凳。如系家庭浴池，可以在池边地面铺垫子或厚浴巾防滑。行动不便的老人，要有家人帮助洗浴。

老年人因神经系统反应迟钝及牙齿不健全，在吃饭时易被呛甚至发生食道异物，如假牙、枣核、鱼刺等被卡在食道中。因此老人吃饭时要细嚼慢咽，不要赶时间，也不要边吃边谈笑。

老年人跌倒除了由于路面不平失足绊倒的外界因素外，许多是自身机体的衰老和疾病所引起，所以情况比较复杂，不能等闲视之，也不要急于把他们轻率鲁莽地扶起，以免带来严重后果。

见老人跌倒，可先让他就地平卧并呼唤一下，看他有无反应，神智是否清醒。如果反应迟钝，或神志不清，可能是急性脑血管病变，需立即送医院救治，以减少生命危险。

对神志清醒的老人，可询问其有何不适。有些老人说头晕眼花，这可能是心血管疾病引起的脑贫血，通常平卧一会儿后头晕就会好转。但起身时应注意缓慢而行，先坐起上半身，无昏晕感觉后再慢慢扶立起来试步行走。还需提醒这些老人，以后在夜间或早晨起床时仍需注意，切勿急速而起，以防一时性脑供血不足而昏倒。并且可以长期服用一些改善血液循环的药物，如丹参片等。

有说四肢局部疼痛的，应考虑是否有骨折。因为老年人骨质疏松，跌倒后特别容易发生骨折。所以在扶起前先让他自行活动一下四肢，如果感到活动困难，疼痛剧烈，那绝对不要勉强辅以外力促使其活动，否则会使损伤更为严重。怀疑上肢骨折时，可将患肢在原位用棍棒固定，再扶送医院。老年人骨折以股骨尤为多见，所以当其说臀部疼痛和不能站立时需加警惕。这种情况应该用硬板床、凳将老人抬送医院做检查诊治。

若老人平日步态不稳，举足缓慢，行走拖沓前冲，经常发生跌倒，别误以为年老了总是如此，听之任之，不以为然。这些现象常与脑部病变有关，如脑动脉硬化、帕金森氏症、小脑或前额叶病等。所以早些往医院查明原因，在及时进行正确的治疗后,常可获得明显好转,或至少可以制止和延缓病情发展。

老人的生活环境布置,要注意简单、安全,地面须平坦,无障碍物,以避免跌倒而招致意外。

老人外出,首先要注意交通安全,要了解和遵守交通规则。行走要走便道,横穿马路要走斑马线,不要着急赶路。因老人动作迟缓,一旦遇到紧急情况,往往避之不及,造成严重后果。其次,老人外出时宜随身携带拐杖。手杖着地的一端最好装有防滑的橡皮头。驼背或四肢关节欠灵活的老人,可用手推小车辅助行走,防止在外走时跌碰致伤。一般情况下,老人不宜单独出门,无论是散步或是远距离外出,最好有家属陪同或结伴而行。有冠心病的老人出门应随身携带急救药品,以备发病时服用;在衣袋里,应备有自己的病情卡,写明自己的姓名、住址、电话、工作单位、病情、病史及急救药物的服用方法,以便于旁人救助和通知家人。

五、老年人的运动安全

1. 做好健康检查。老年人从事运动前应请医生做一次健康检查,听取医生对允许参加何种激烈程度运动的意见。

2. 锻炼项目选择合理。对老年人来说,选择锻炼项目应以比较缓慢柔和,不过分激烈,能使全身得到活动,活动量容易调节掌握以及易学又兴趣较浓的为宜。

3. 运动负荷科学适量。一般认为,老年人安全的负荷可用心率掌握,一般可用本人最高心率60% ~ 70%左右,50岁102 ~ 120次;55岁100 ~ 116次;60岁96 ~ 112次;65岁93 ~ 109次;70岁90 ~ 105次。当然,体质好者可酌情增加,而体弱者还可酌减。

4. 良好的生活规律。老年人在从事健康活动时,保持自己的良好的生活节律,做到起居有常、睡眠充分、劳逸结合,可保持良好体力,防止由于过分劳累而发生危险的可能。

5. 注意自我控制。为了安全,老年人在健身锻炼中应力戒争强好胜,锻炼应按本人体质条件科学进行,不要为了和别人一争高低而去进行自己力所不能及的运动。不要过分激动,老年人运动时情绪如果过分激动往往容易发生心血管意外,因此,不宜进行较激烈的运动竞赛,而应以娱乐健身为主,锻炼时心平气和、愉快从容。

6. 注意调节呼吸。老年人锻炼时要保持呼吸顺畅自然,切忌憋气屏息,因为这样往往容易诱发脑中风。

7. 选好锻炼地点。由于老年人反应较慢,锻炼不应在人来人往之处,而应选择空气清新、地面平坦的草地林间,随时注意危险信号,如感觉胸痛、胸闷、头昏眼花、心律失常等时,应立即停止运动,以防意外。

六、登高时的防护措施

1.爬梯子、爬树或登上高处工作,安全之道是遵守登山者的三点固定法:经常用两手一足或两足一手去攀附,且须抓牢或蹬稳坚固支点才可移动手、足。

2.使用木梯子前,须检查横档是否破裂腐朽,接合处是否松动。四脚梯或伸缩梯如有拉绳,还要检查绳子是否结实。

3.竹梯通常不髹漆,闲置已久或用了很多年的,会遭虫蛀,使用前要检查清楚。

4.木梯子涂清漆防朽较好,用油漆则可能遮盖日渐扩大的裂隙或腐朽处。

5.竖起梯子时,梯脚与垂直面的距离应为梯子高度的 1/4 ~ 1/3。例如 6 米长的梯子,梯脚应距离墙壁或大树 1.5 ~ 2 米。摆得太近,爬上梯子时可能往后倒;摆得太远,梯脚可能往后滑。

6.倘若竖于硬地,应用两叠砖头或大袋水泥顶住梯脚。最好再找人扶稳梯子。

7.在梯子上工作时,不要探身向一侧,应先搬动梯子再工作。

8.胸部以上最少要有 3 条横档,才有可供随时抓牢的地方。

9.不要提重物爬上梯子,应该先用绳子绑好,爬上梯子站稳后,再吊升重物。

10.在屋顶工作时,应该利用钩住屋脊的屋顶梯或爬板。天沟并不稳固,不要踏在上面。

11.梯子也不要靠在天沟上,可用撑条使梯子靠稳在一堵墙上。

12.如工作时要频频左右移动。例如更换天沟、嵌填砖缝等,应租用脚手架,或者使用两架四脚梯,在两梯之间搁一两块厚木板。

13.木板应搁在横档上,不要搁在梯顶。这样重心较稳,万一站不稳,也可抓住梯顶而不致跌倒。两架四脚梯顶之间系上两条金属水管作扶手,更加安全。

14.厚木板同时绑在横档和梯架上,以防滑动。

15.如果木板很久没用过,先试试是否坚固。在木板两端之下各放一块大木头,然后踏上木板中间跳几下,木板下弯太甚或嘎吱嘎吱地响,就不要用。

七、避免上下楼梯时发生意外

楼梯事故的原因大致有 3 个:楼梯本身有问题,人为的伤害因素和人们自

76

己的不当心。

楼梯台阶是奇数常常带有危险因素。楼梯每一个台阶在深度和高度上的任何变化都会使人摔倒,因为人们总是预料下一级和这一级是同样的。有些人上楼梯时常常喜欢抬脚刚过楼梯台阶一点点,有时会被松动的地毯或其他东西绊倒而失去平衡。有些地毯的图案使人眼花,植物图形或几何图形会使楼梯边缘模糊,因此,常常会使人走到最后一级都未注意到。

许多居民喜欢在楼梯转弯处甚至台阶上堆放破烂杂物,有时一块木板或一个瓶盖也会使人滑倒。

不少住宅里的楼梯的电灯坏了没有人修理或者是干脆不装电灯,而黑暗的楼梯是最容易发生危险的。

即使楼梯本身是安全的,一个不太谨慎的人也可能小跑步上楼或下楼,这常常会引起麻烦。怀抱一大堆东西也可以使人登楼梯时跌倒,因为一大堆东西使人看不见路面。

儿童们喜欢坐在楼梯上玩,家里养的猫和狗也喜欢在楼梯上找到一个温暖的角落,因此,上下楼梯时应注意台阶上的情况。

大部分从楼梯上摔下的,是为了下楼梯,特别是在楼梯的两头,因此,在开始下楼和结束的几级,得格外小心。许多事故是发生在人们忘记最后一级楼梯的时候。

裤腿太大、鞋跟过高、鞋底太滑,都是引起摔跤的原因。寒冬腊月,在北方较寒冷的地带,户外台阶上的冰雪也常常引起楼梯事故。

八、避免室内滑倒

人的大部分时间是在住宅中度过的。除了在家中休息外,还要进行一些其他的活动,所以都得在地面上行走。如果地面打滑,行走困难,这是很危险的,容易摔倒,造成伤害。

在地面上行走时也有很多容易使人绊倒的因素,例如房子里的地面高低不平,东西放置得乱七八糟,这都易将人绊倒。所以为了防止事故发生,必须采取必要的安全措施来加以预防。

1.选择不打滑的地面。选择不打滑的地面说来容易,但实行起来并不简单,必须和人的活动联系起来考虑。从理论上来讲,静摩擦力和动摩擦力的差值越大,防滑性能就越差,如表面坚硬的瓷砖、乙烯地面砖等。难以打滑的材料的静摩擦力都比较大,但是在这种材料上行走时,一旦开始滑动,就会一滑不止。人的感觉非常敏锐,当脚下刚一打滑时,出于本能就会摇摆自己的身体寻找平衡。如果静摩擦力和动摩擦力差值过大,那么在未来得及变换姿势之前,就已经摔倒了,特别是婴儿和老人更易摔倒。所以应该选择动摩擦力和静摩力差值小的材料,像地毯之类比较软的材料可以视作不打滑材料。

2.选择能减少伤害的材料。一般说来,行走时绊到东西,就好像脚被挡住一样,身体倒向前方;打滑时摔倒则仰面朝天的较多。摔倒时都会碰到头部或身体的其他部位,也可能碰破头皮,造成骨折,有时会同时引起其他疾病而导致突发性死亡。所以在选择地面材料时要用能减少伤害的材料,使跌倒时有缓冲以减少冲击力。像花岗岩、大理石等天然岩石,或者浴室里常用的瓷砖以及水泥地面都是很危险的。要用较软的材料,如席子、地毯之类的软东西,这就比较安全。

3.地板打蜡要适可而止。为了给人一种清新、舒适、美好的感觉,人们每天都把地板扫得干干净净。有的还在地板上打上蜡,使地板表面光亮,显得更加美观。但是用蜡过多,也会打滑。不论什么材料,凡是容易清扫的,都容易打滑。从实际观察来看,如果地板上有积水或污浊,就会起润滑作用,容易打滑。所以在经常积水的盥洗室、浴室里,应当选用表面凹凸不平的材料,可以防止打滑。

4.尽量避免斜坡。使用同样的地面材料时,在坡路上行走,更容易打滑。如果有老人和幼儿在家里,地面原则上不宜有坡道。处理地面之间高差最好用台阶比较安全。如果非设置坡道不可,则应选用特别缓的坡道,而且要用表面带凹凸的材料,以增大摩擦力起到防滑作用。

第七节　日常生活中常见事故的预防

一、遭到碰撞伤害时的自我保护

1.落下物伤害

在住房外,有时候会从头上落下东西来,这一类落下物有大楼的窗玻璃、外面的瓷面砖;北部地区房檐还会落下冰棱角等;一些土房的泥土、房上的瓦也会意外地掉落下来。

在住宅里面天棚上的水泥砂浆或石灰抹灰层及其楼板上吊的重灯具等,有时也会掉下来。这些落下物如果碰到人体,在一瞬间给人体的某一部分施加很大的力,就会产生严重的伤害。

被落下物砸到后,人的受伤程度,除了因物体的重量、落下高度不同而不同以外,也因落下物形状、硬度的不同而有很大差别。例如同重量的黏土块和有尖角的玻璃碎片,碰到头上时能量是一样的,但受伤的程度会极为悬殊。从人的方面来说,被打的部位不同,其后果也有很大差异。据估计,10千克左右的重物,由3米高处落下时,其破坏力可以使头盖骨伤裂,如果两三倍于这个重量则将引起头盖内血肿或重度脑挫伤,这还未将由形状、硬度引起的破坏力考虑在内。所以从居民的安全出发,对那些可能落下的物体要做一定的估计,并要采取适当的安全措施,确保人身安全。

2. 灯具与天花板的危险性

住房内的落下物,如天花板上吊着的豪华枝形灯,就是很危险的。这种灯在10~20千克左右,有的甚至更重。吊这样重的灯具对一般的天花板来说是吃不消的,要准备好相应的衬里材料。天花板的高度一般在2.5米左右,如果悬挂物在10千克以下还属安全范围,但是玻璃灯具落下以后会破碎,依然非常危险。

用石灰、麻刀灰、水泥砂浆抹的天花板,比较普遍。这种装修多半用抹子直接抹到混凝土底子上或者板条上。有时因黏着力不好,经过三五年之后渐渐剥离而掉下。所以在住房里要经常检查,看看是否有危险存在,并及时进行处理。检查时可以用木槌一类东西轻轻敲打一下,如果装修的部分已经剥离,重量是很大的。以水泥砂浆为例,一般抹1.8厘米厚,每平方米重为36千克,白灰、麻刀灰的重量也大体相同。而且这些东西掉下来时,形状也是七棱八角的,容易使人受重伤。条件许可的话,最好不要采取这些材料装修天花板。如果采用木板、胶合板、甘蔗板、石膏板等类,则可以保证安全。在板上再贴壁纸或装饰后,也十分美观。伸出屋外檐头的抹灰层因为暴露在外,比起室内的剥离得更快,同样要引起重视。

3. 齐额高处是危险的部位

当住宅狭小时,往往会伴随着日常生活的种种活动而发生碰撞事故。

人走路时最容易碰到的头部位置是额角。只限于比身高矮一点,比眼睛高一点的一个很窄的范围。突出物如果比眼睛低,一般都被眼睛发现,以本能的反应就可以避开。一般成年人眼高是身高的12/13,利用这个数值对任何人都可概略算出危险区。

在住宅内部,凡是在这个范围内伸出的突出物,都有撞头的可能性。例如厨房的蒸气罩子或中厨的下缘,敞开的或者突出的窗子,还有门窗的上框等,都是非注意不可的。

为了容易够到蒸气罩子和吊厨,其安装位置总是放得很低。由于人的身高不同就有可能进入上述危险范围。特别是烹调时精神和视线都集中在锅灶上,最容易发生事故。头部容易碰到门框上缘,年轻人占多数。这大概是年轻人喜欢挺胸抬头,而又常常疏忽大意所致。一般在设计时已经考虑了这些因素,但受材料规格的限制,不可能使之适合每一个人。所以除个人注意外,对于容易碰上的地方,可以采取一些别的措施。如在可能发生碰撞或者已经撞碰过的部位装上缓冲性的软垫,以减弱冲击力。还可以在容易受伤的梯楼上部的水平构件和危险的突出构件下做上大的警告标记。只要在设计上动动脑筋,事故是可以预防的。

4.房间物品的放置注意事项

对于比较窄而又高的橱子,放置时最好朝墙边倾斜,可以将前面的两只橱脚垫高一些,有的橱子门不好拉开,得使很大劲,如果放置得不好,就会有拉倒的危险。

不要在高处放置易碎的东西或装有危险品如酸碱之类的瓶子,如果放得不恰当,拿东西时不小心被带下来,东西摔了不说,还有可能砸伤自己。特别是小孩,应避免让他们登高拿东西。这些东西最好放在低处或偏僻的地方。对于家具的选择也很重要,如果桌子、椅子的棱角很锐利,幼儿比较矮,就有碰到的危险,摔倒时也会撞上。有幼儿的家庭,家具应当避免有突出的棱,并尽可能采用木质的。如果采用带棱角的家具,应当把这一部分用布或纸保护起来。

二、将要摔倒时怎样进行自我保护

人在跑步或进行各种运动、雨雪天道路泥泞时,偶尔会不慎摔倒,轻者摔破皮肤,重者也可能骨折或内伤。那么,在将要摔倒时,怎样进行自我保护,才不至于摔成重伤呢? 在将要摔倒时,不管是倒向哪个方向,也不管是以什么姿势摔倒,都要立即迅速的运作,屈肘,收回上臂、前臂和手,紧抱胸前,尽量低头,使身体尽可能团成一个球状,这样,让肌肉较为发达的肩部、背部着地,顺势就地滚翻,则能起到缓冲作用,不会使着地部位受力过大而损伤过重。可保护头部勿受伤,也可避免腹部重要器官如肝、脾受到强烈震动而损伤,还可减少前臂猛然撑地时暴力造成的骨折。当人体从高处落下时,用前脚掌着地,同时屈膝,可使重力缓冲,避免腿的骨折和对大脑的震动。一般来说,当人猛然摔倒时,常惊慌失措,若懂得怎样保护自己,迅速行动,还是可以起到一定作用的。另外,千万不要背着两手,更不要用双手插裤兜行走或跑步,否则摔倒时将措手不及。

三、怎样避免跌倒损伤

1.假如不慎突然从楼梯上跌落下来,最重要的是要保持头脑清醒,采取"弓圆身体跌倒法"。具体要领是:迅速把一只手挥起,做从上往下投球的姿势倒下,拉紧颚部弓圆身体,使整个身体圆圆滚下去。滚了一圈后,旋即把脸转向侧面,贴在肩膀上,这样,身体就会侧向一侧,产生"刹力效应",防止身体一直滚落下去。经验证明,采取这种跌倒法,可以避免重大伤害。

2. 坐在靠背椅上,由于意外原因,突然失去平衡,身体和椅子一起向后仰倒时,关键是要避免伤着后脑部。要领是看着自己的肚脐倒下。还要记住,如果使自己的两脚像芭蕾舞演员的脚尖般伸直,就能立即起身。

3. 走在马路上,突然一辆超速行驶的汽车迎面冲来时,怎么办? 在此千钧一发之际,首先,要在刹那间向前挺出一边的肩膀,争取与来车擦身而过。即使不能完全闪开而被撞倒,也可望在被撞坠地时先肩膀落地,伤害就会减到最低限度。

4. 在大城市里,住宅楼阳台上摆满花盆,而且建筑工地比比皆是。过路行人被空中跌落的花盆和砖头、钢筋、铁锤之类的杂物砸伤的事故不少。当从高楼住宅和建筑工地下面走过时,要避免被空中抛物砸伤,最简单有效的办法,就是养成"眼睛向上"的习惯。就是说,走路时要不断往上看。这样,万一有东西掉下来,就能及时躲闪。如果落下来的物体很大,又无法避开时,就要采取"向前跌倒术",即奋力向前方跳去。由于此招跳跌的距离较远,完全可以躲避重大落物的伤害。

四、怎样防止割伤

淘气的孩子爱活动,玩耍时免不了出现一些蹭伤或割伤。在家庭环境中不仅仅是孩子,就是大人,也会在想不到的时候出现割伤。住宅里发生的割伤多半是由金属或玻璃引起的。

环顾一下室内,建筑五金、电器用具、窗玻璃、房间内门、柜门、镜子、灯泡以及各种器皿和食具等,都是金属和玻璃制造的,稍不小心就会造成割伤。

金属引起的割伤在多数情况下,与其说是使用不当,还不如说是制造的原因。所以准备住进新房子的人,应当尽可能地选择可靠的用品,从而使家庭变得更加安全。也可以根据条件动手改造,减少危险。比如,在铝合金窗的端部或者拉手的内侧有没有割手的东西? 再如洗手槽或窗台上为了流水而设置的不锈钢的端部,是不是都圆滑整齐? 这些都需要仔细检查。

由玻璃引起的割伤和由金属引起的多少有些不同。一般说来,玻璃在正常的使用情况下不会出现锐利的状态。不论是窗子玻璃,还是柜门的玻璃,都镶在框子里面,平时是很安全的。在家居的厨房或大楼的门扇上虽然有不带框的玻璃扇,但它们的四边都磨得很好,均处于安全状态。因此,可以认为玻璃引起的割伤是伴随着玻璃的破碎而发生的。

为了防止由玻璃破裂引起的割伤,增加玻璃厚度是行之有效的办法。在厚度方面当然是愈厚愈不易破裂。住宅使用的普通玻璃为3毫米厚,看来是显得薄些。由于铝合金的推广,在中高层住宅里受强风压力的部位越来越多,为了安全起见,所用的玻璃也应逐渐增厚才行。厚玻璃不但不易破碎,对隔音也有一定的作用。不易破碎的玻璃分为钢化玻璃、夹层玻璃、夹丝玻璃等多种。这些玻璃在防盗方面也有一定作用。

为了防止玻璃破裂,首先要区分一下在住宅里哪些是容易碰撞的地方,哪些是不易碰撞的地方。在碰撞可能性大的地方,原则上严禁使用落地大玻璃。如果非使用不可,则采用安全玻璃或者把玻璃尽可能地分成小块使用。其次,无防护措施的浴室里,使用大玻璃时,绝不可使用容易破裂的玻璃。因为浴室狭窄加上地板容易打滑,当身体失去平衡时,很难说不会碰到玻璃上。再次由于玻璃的镶嵌方式不同,破裂的程度也大不一样,如有可能应予以注意。尺寸不合时勉强镶入框内,表面上看来没什么,但实际上很容易破裂。

五、怎样防止烫伤

烫伤在家庭里是经常发生的。例如开水洒在手上可引起烫伤,四五个小时之内会火辣辣地疼痛,皮肤发红,过两三天后发生脱皮,这是较轻的烫伤,严重者则可能危及生命。

先谈谈温度和烫伤的关系。温度一般达60℃就能使皮肤发红,人感到火辣辣地痛,这种状况是一度烫伤。在70℃～80℃的温度下,烫伤后的第一天,所烫伤皮肤会起水泡,痊愈得很慢,这种状况是二度烫伤。当温度达到105℃～110℃时,皮肤变色严重,属于重度烫伤。如果温度再高些,就要伤及皮肤的深处。影响烫伤程度的除温度外,还有一个因素,就是热源和皮肤接触的时间。如果感到烫马上就离开,症状可能会减轻;如果当衣服上洒上热水又来不及脱掉,热水接触皮肤时间较长,症状就严重些。

住宅里能够引起烫伤的热源到处可见。为了远离热源,房间布置应当适当地宽敞通畅些。狭窄而又具有很多热源的厨房或浴室,是烫伤事故多发的场所,应时刻加以预防。在使用快速热水器时,有时候会发生热水溢出的情况,且热水温度高达80℃左右,很容易发生烫伤。还要引起注意的是,不论是热水水嘴还是混合水栓,凡是出热水的水嘴部是金属的,在放完热水之后的一段时间里仍然很热,有时在浴盆里不注意,当脊背或臀部碰上时,也会烫得跳起来。

能够发生烫伤的热源很多,只要加以注意和防护,是能够防止烫伤事故发生的。

六、运动时戳了手怎样处理

打排球和打篮球时常常容易戳手。通常讲的戳手,是指手指关节的损伤。当手指伸直接球时,外力使手指关节的活动超出了正常生理范围,伤及了该关节的韧带和关节囊,疼痛加剧,关节囊损伤引起关节内积血及积液,使关节外表显得肿胀,手指处于半屈位。伤后次日,所伤关节周围的皮下有青紫出血斑痕。

手指关节轻度的戳伤,只要经过几天休息,同时进行按摩、热敷等治疗,很容易恢复。如果伤情较重,出血肿胀,早期处理应以止血为主。手指伸直位,内衬棉花用绷带加压包扎,放在冰水中 15 ~ 20 分钟(或用冷水冲),再换干的棉花、绷带加压包扎于伸指位。也可用新鲜韭菜适量捣烂敷于患处,伤后 24 小时换一次,收效较好。48 小时以后可在伤处周围轻柔按摩,三天后可蘸药酒或白酒直接轻柔按摩患处。以后用推拿法治疗,效果较好。推拿疗法可以加强患处的血液循环,消肿止痛,促进恢复。

如果损伤时听到清脆响声,疑有关节脱位、韧带及肌腱断裂以及骨折等,应将手指伸直,内衬棉花用绷带包扎固定,及时送医院处理。

七、少年儿童怎样注意交通安全

青少年尤其是少年儿童易遭车祸,这同他们的生理、心理特征有关。少年儿童正处在身体发育时期,身手敏捷,爱动好跑。但由于生理条件的限制,他们的活动能力与认识水平存在着与行的矛盾,在心理上往往表现为反应快、顾虑少、不稳定,只从个人兴趣出发,不会顾及未来效果,好冒险蛮干。

根据少年儿童生理心理上的这些弱点,要特别注意交通安全。

1. 增强红绿灯意识。

红绿灯是设在街道路口的交通信号装置。"红灯停,绿灯行"按信号灯的指示通行,起步时向左右两边看是否有来车,然后从人行横道横过马路。这样通过路口就很安全,应该从小培养这种"红绿灯意识",自觉地接受交通信号灯的指挥。

2. 学龄前儿童过马路要让大人牵引。

一些小朋友过马路时,不愿让大人牵手而行,喜欢单独行动,东奔西跑。路上车来车往,稍不注意就容易发生事故。因为学龄前儿童往往视野狭窄,不能全面观察道路情况。由于经验不足,对车速与距离缺乏正确估计。他们思想简单,容易胡冲乱撞。为了防止学龄前儿童在人行道上乱跑干扰交通秩序或突然闯入车行道,不要让其单独上街。他们如在街道或公路上行走,必须有成年人带领。

3. 不要在车辆临近时突然横过马路。

现实生活中常见这种镜头：大人，小孩各走道路一边，当遇到险情时，小孩突然向大人一边奔跑，尽管飞驰而来的车辆紧急刹车，但车辆还是将小孩撞倒了，这种情况，主要是横穿者距离车辆太近，即使驾驶员采取紧急停车措施，恶果仍不可避免。人在奔跑中，突然要立即停下来，人就会不由自主地向前冲出几步，这就是力的惯性作用。再说，人的大脑从接受外界信号到是否决定停步到最后停下来有一个过程。汽车也是这样，当行驶中司机发现危险情况时，立即将右脚从油门踏板迅速移动到刹车踏板紧急制动时，也有一个过程，再加上行驶的汽车有惯性，不能一刹即停。最安全之策只能是：不要在汽车临近时突然横穿马路。

4. 不要扒车。

一些小孩出于好奇，常常利用车辆起步、上坡、减速时扒车，或做游戏或以扒车代步。由于机动车的速度比人行走的速度要快得多，扒车的人随着车速的不断提高和时间的延长，手臂的力量逐渐减弱，心情也愈加紧张，上下为难。如脱手落地，就会跌倒或摔伤。还有扒上车的人自然要跳车，这就更加危险。因驾驶员不知道车上有人，车速很快，而跳车人很难克服自身的惯性，往下一跳势必跌倒，甚至造成生命危险。

八、老年人怎样注意交通安全

1. 安步当车

进入老年后，人的感觉渐趋迟钝，视力和听力开始减退，精力渐渐不足，体力渐渐衰退，步履蹒跚，行动迟缓。由于上述原因，有些老人外出常以坐车代步行。其实，如果路程不是很远，应尽量少乘车，因为公共汽车一般比较拥挤，搞不好容易被踩碰受伤；车上颠簸晃动，对老年人也是有害无益。不如"安步当车"——多走路、少坐车，既能使心脏得到锻炼，镇静精神，又可减少乘车事故。

2. 量力而行

老年人骨质疏松，手脚不灵活，应变能力差，尽量不要骑自行车外出。需要骑车时，也要根据自己身体条件量力而行，尽可能不要在交通高峰时间骑自行车，或是到车多人多的地方去。

3. 有备无患

为了步行更稳当，防止在马路上发生意外，老年人应使用手杖。有杖在手，站可依身，行可助脚，雨天防滑，在上下阶梯时作用更为明显，手杖应选用坚固耐用、灵巧轻便的，长度以相当于下垂手腕到地面的距离为宜，下端尽可能装有防滑的橡皮垫，平时要注意检查有无裂纹。老年人穿的鞋也应注意舒适合脚，轻便防滑,尽量少穿塑料底鞋。为了防止马路上的意外,老年人在外出参观、旅游,探亲访友或到商店买东西的时候,最好有青年人伴送,一个人尽量少到马路上活动。无论到哪儿去,都要留有充分的时间,做好充分的准备。不可与汽车、自行车争道,对个别不文明的年轻人也不必计较,要做到多停、多让、多观察,以防不测。

九、骑自行车怎样注意安全

1. 自行车的质量要比较好,尤其是车闸、铃、锁、尾灯等应灵敏有效。自行车上不要安装发动机。

2. 自行车要注意维护保养及定期检修,发现问题及时修理。新自行车要经2~4周的磨合期。磨合期内不要快速骑用。磨合期后要全面检修。轮胎充气要适当。载重要合适。自行车存放地点要选好,不宜日晒雨淋。保持自行车整洁。定期给自行车转动部位加润滑油。前、中、后三轴应每年拆下擦洗一次。定期将前后轮胎卸下换过来使用,每个轮胎也要定期将左侧调到右侧使用,这样可以延长轮胎的使用寿命。

3. 自行车车座的高度要适宜。车座过高,骑车人的上肢前俯,手掌受力大,时间久了会导致手神经麻痹。车座过低,双腿屈伸受限,影响速度。一般以骑在车座上双足踏在车镫子上,略能屈膝为宜。车座前倾角度不宜过大。男车前倾不大于30度,女车不大于20度。车座不可过窄及过硬。否则,骑车人的会阴部易受车座反作用力,久之可出现尿频、夜尿症等。女性还容易造成生殖器官疾病。车座上应加海绵套,使其富有弹性。车把不要太低,与车座相平较为合适。

4. 注意骑车姿势,握把要轻,两肘略微弯曲,上身微微前倾,臀部要坐得舒适。骑自行车时间较长要经常变换身体的姿势,如立直与俯身交换。半小时左右应抬高臀部离开座面一会儿,并做提肛运动,以减轻对会阴部的压迫,改善血液循环。握把的双手也要经常改变着力点。遇有路面不平的道路或上下陡坡时应推车步行。

5. 患有癫痫病、精神病、高血压、冠心病、闭塞性脉管炎、疝及红绿色盲等的病人不宜骑自行车。

6. 骑自行车只能在慢行车道上行驶,无慢行线的道路,应靠马路右侧行驶。骑自行车不能逆行,不能抢行猛拐。转弯时应先打手势。

7. 骑自行车应礼让机动车,遇有停止信号时,左转弯不能从路口外绕行,直行不准右转弯绕行。

8. 骑自行车不准双手离把,攀扶其他车辆或撑伞、持物。不准拖带车辆或被其他车辆拖带。不准追逐竞驶或曲折竞驶。不准与他人扶肩并行或并行攀谈。

9.雨雪路滑,骑自行车,一要慢;二要将车胎气放掉一些,车胎不能太饱;三要转大弯;四要尽量不用闸,不停车,以免刹车摔倒出事故。

十、怎样防止自行车轮伤了孩子的脚

自行车轮引起的足损伤大部分是由于家长骑车时带孩子,孩子坐在自行车后架上发生的。由于儿童缺乏安全常识或好奇心强,不能预见自己行为的后果,而将脚不慎或有意插入到飞速旋转的车轮内,发生碾挫、挤压伤。伤势轻者可使足部表皮擦伤,皮下瘀血、水肿。重者可造成足跟部皮肤坏死,皮肤和皮下脂肪及更深的部分被翻起,踝关节韧带也可以发生损伤。

一旦发生损伤后,家长千万不要惊慌失措,不能强行从车轮中拽出伤足,以免加重局部损伤。切勿随意找人揉捏。如果只是轻度损伤像皮肤擦伤可以涂擦红汞,如皮下瘀血而皮肤没有破损,可做局部冷敷,或用中药九分散、跌打丸等外敷,要将患足抬高,限制活动,这样做可以减轻伤足肿胀和疼痛。重伤者应及时去医院诊治。

年轻的父母们,为了保证孩子的安全,避免意外的伤害,最好不要带孩子骑车,更不要将孩子放在车后架上。

第三章　应对自然灾害

第一节　地震

一、地震的概述

地震分为构造地震、火山地震以及人工地震,绝大部分都发生在地壳中。它所积累的能量既可以大到地动山摇,也可以微弱到让人毫无感觉。在第一次强烈地震爆发后的一段时间里,涌动性岩层中依然会储存有一定的能量,并处于极高的受压状态,每当其能量积累到超过一定限度时,大量具有涌动性的岩层又会如同火山爆发似的在地壳深处岩层内最薄弱处再次迅速涌动,对地壳深处岩层的造成强烈冲击,由此导致强烈余震的发生。有时在强烈地震发生前还会出现地声和地光。

天然地震主要是构造地震,它是因为地球在不断运动和变化中逐渐积累了巨大的能量,地下深处岩石破裂、错动把长期积累起来的能量急剧释放出来,以地震波的形式向四面八方传播出去,到地面引起房摇地动的现象。构造地震约占地震总数的90%以上。

火山地震是由火山喷发引起的地震,约占地震总数的7%。此外,某些特殊情况下也会产生地震,如岩洞崩塌(陷落地震)、大陨石冲击地面(陨石冲击地震)等。

人工地震和诱发地震是由于人工爆破、矿山开采、军事施工及地下核试验等引起的地震。由于人类的生产活动触发某些断层活动,引起的地震称诱发地震,主要有水库地震,深井抽水和注水诱发地震,核试验引发地震,采矿活动、灌溉等也能诱发地震。

地震波发源的地方,叫作震源。震源在地面上的垂直投影,叫作震中。震中到震源的深度叫作震源深度。通常将震源深度小于 70 千米的叫浅源地震，深度在 70 ~ 300 千米的叫中源地震，深度大于 300 千米的叫深源地震。破坏性地震一般是浅源地震。

二、地震注意事项

遇到地震时需要注意以下事项：

1. 发生地震时应躲在桌子等坚固家具的下面

大的晃动时间约为 1 分钟左右。因此，应在重心较低且结实牢固的桌子下面躲避，并紧紧抓牢桌子腿。在没有桌子等可供藏身的场合，无论如何，也要用坐垫等物保护好头部。

2. 摇晃时立即关火，失火时立即灭火

大地震时，也会有不能依赖消防车来灭火的情形。因此，每个人关火、灭火的这种努力，是能否将地震灾害控制在最低程度的重要因素。从平时就养成即便是小的地震也关火的习惯。为了不使火灾酿成大祸，厉行早期灭火是极为重要的。地震的时候，关火的机会有三次。第一次机会在大的晃动来临之前的小的晃动之时。在感知小的晃动的瞬间，即刻互相招呼："地震！快关火！"关闭正在使用的取暖炉、煤气炉等。第二次机会在大的晃动停息的时候。在发生大的晃动时去关火，放在煤气炉、取暖炉上面的水壶等滑落下来，那是很危险的。大的晃动停息后，再一次呼喊："关火！关火！"并去关火。第三次机会在着火之后。即便发生失火的情形，在 1 ~ 2 分钟之内，还是可以扑灭的。为了能够迅速灭火，请将灭火器、消防水桶放置在离用火场所较近的地方。

3. 不要慌张地向户外跑

地震发生后，慌慌张张地向外跑，碎玻璃、屋顶上的砖瓦、广告牌等掉下来砸在身上，是很危险的。此外，水泥预制板墙、自动售货机等也有倒塌的危险，不要靠近这些物体。

4. 将门打开，确保出口

钢筋水泥结构的房屋等，由于地震的晃动会造成门窗错位，打不开门，曾经发生过有人被封闭在屋子里的事例。因此，请将门打开，确保出口。平时要事先想好万一被关在屋子里，如何逃脱，准备好梯子、绳索等。

5. 户外的场合，要保护好头部，避开危险之处

当大地剧烈摇晃，站立不稳的时候，人们都会有扶靠、抓住什么的心理。身边的门柱、墙壁大多会成为扶靠的对象。但是，这些看上去挺结实牢固的东西，实际上却是危险的。务必不要靠近水泥预制板墙、门柱等躲避。在繁华街、楼区，最危险的是玻璃窗、广告牌等物掉落下来砸伤人。要注意用手或手提包等

物保护好头部。此外,还应该注意自动售货机翻倒伤人。在楼区时,根据情况,进入建筑物中躲避比较安全。

6. 在百货公司、剧场时依工作人员的指示行动

在百货公司、地下街等人员较多的地方,最可怕的是发生混乱。请依照商店职员、警卫人员的指示来行动。就地震而言,地下街是比较安全的场所。即便发生停电,紧急照明电也会即刻亮起来,请镇静地采取行动。如发生火灾,即刻会充满烟雾。以压低身体的姿势避难,并做到绝对不吸烟。在发生地震、火灾时,不能使用电梯。万一在搭乘电梯时遇到地震,将操作盘上各楼层的按钮全部按下,一旦停下,迅速离开电梯,确认安全后避难。高层大厦以及近来的建筑物的电梯,都装有管制运行的装置。地震发生时,会自动地运作,停在最近的楼层。万一被关在电梯中的话,请通过电梯中的专用电话与管理室联系、求助。

7. 汽车靠路边停车,管制区域禁止行驶

发生大地震时,汽车会像轮胎泄了气似的,无法把握方向盘,难以驾驶。必须充分注意,避开十字路口将车子靠路边停下。为了不妨碍避难疏散的人和紧急通行的车辆,要让出道路的中间部分。都市中心地区的绝大部分道路将会全面禁止通行。密切注意汽车收音机的广播。附近有警察的话,要依照其指示行驶。有必要避难时,为不致卷入火灾,请把车窗关好,车钥匙插在车上,不要锁车门,并和当地的人一起行动。

8. 务必注意山崩、断崖落石或海啸

在山边、陡峭的倾斜地段,有发生山崩、断崖落石的危险,应迅速到安全的场所避难。在海岸边,有遭遇海啸的危险,请注意收音机、电视机等的信息,迅速到安全的场所避难。

9. 避难时要徒步,携带物品应在最少限度

因地震造成的火灾,蔓延燃烧,出现危及生命、人身安全等情形时,应采取避难的措施。避难的方法,原则上以市民防灾组织、街道等为单位,在负责人及警察等带领下采取徒步避难的方式,携带的物品应在最少限度。绝对不能利用汽车、自行车避难。对于病人等的避难,当地居民的合作互助是不可缺少的。从平时起,邻里之间有必要在事前就避难的方式等进行商定。

10. 不要轻信谣言,不要轻举妄动

在发生大地震时,人们心理上易产生动摇。为防止混乱,每个人依据正确的信息,冷静地采取行动,极为重要。从携带的收音机等中,把握正确的信息。相信从政府、警察、消防等防灾机构直接得到的信息,绝不轻信不负责任的流言蜚语,不要轻举妄动。

三、发生地震时的应急措施

一般发生一次6级地震,震中区烈度只有8度,大部分房屋不至于毁坏,且极震区范围一般只有20平方公里左右。地震发生时,高层建筑的窗玻璃碎片和大楼外侧混凝土碎块等,会飞落下来。因此,盲目外逃的危险性很大,就地避难相对安全一些。地震发生时,最重要的是要有清醒的头脑、镇静自若的态度。只有镇静,才有可能运用平时学到的地震知识判断地震的大小和远近,根据所处的不同情况因地制宜采取不同的应急措施。要做到静观其变,行动果断。

家庭内应急措施:

如果住在平房里,此时正位于门窗附近,室外又无障碍的危房、狭窄巷道,应立即冲出室外。如果房屋、围墙、门垛不高而院子又比较宽敞,那么也可头顶被褥、枕头或安全帽,到院子中心躲避。如果无法从室内跑出,可在室内找比较安全的地方躲避,比如桌下、床下或蹲到墙根下(不要靠近窗户)。

如果住楼房里,可根据建筑物布局和室内状况,寻找安全空间躲避。最好找一个可形成三角空间的地方,比如炕沿下、坚固家具附近;内墙墙根、墙角;厨房、厕所、储藏室等开间小的地方。室内房屋倒塌后形成的三角空间,往往是人们得以幸存的相对安全地点,可称其为避震空间。这主要是指大块倒塌体与支撑物构成的空间。

蹲在暖气旁较安全,暖气的承载力较大,金属管道的网络性结构和弹性不易被撕裂,即使在地震大幅度晃动时也不易被甩出去;暖气管道通气性好,不容易造成人员窒息;更重要的一点是,被困人员可采用击打暖气管道的方式向外界传递信息,而暖气靠外墙的位置有利于最快获得救助。

应采取的姿势是蹲下或坐下,尽量蜷曲身体,降低身体重心;抓住桌腿等牢固的物体;保护头颈、眼睛、掩住口鼻;躺卧的姿势非常危险,人体的平面面积加大,被击中的概率要比站立大5倍,而且很难机动变位。尽量靠近水源处,管道内的存水还可延长存活期。

需要特别注意的是,当躲在厨房、卫生间这样的小开间时,尽量离炉具、煤气管道及易破碎的碗碟远些。若厨房、卫生间处在建筑物的犄角旮旯里,且隔断墙为薄板墙时,就不要把它选择为最佳避震场所。此外,不要钻进柜子或箱子里,因为人一旦钻进去后便立刻丧失机动性,视野受阻,四肢被缚,不仅会错过逃生机会还不利于被救。不要靠近煤气灶、煤气管道和家用电器。不要选择建筑物的内侧位置,尽量靠近外墙,但不可躲在窗户下面。下楼时切记不要乘电梯。

公共场所应急措施:

在体育馆、影剧院时,应听从现场工作人员的指挥,有秩序地从看台向场地中央疏散。一般的影剧院都采用大跨度的薄壳结构屋顶,重量轻,地震时不易倒塌,即使塌下来重量也不大。因此,较好的办法是躲在排椅下;注意避开吊灯、电扇等悬挂物;用书包等保护头部;等地震过去后,听从工作人员指挥,有组织地撤离。当被卷入混乱的人流中不能动弹时,如果还有可能呼吸,首先要正确呼吸,用肩和背承受外来的压力,随着人流的移动而行动。弯曲胳膊、护住腹部,腿要站直,不要被别人踩倒。最好经常使身体活动活动,特别应该注意不要被挤到墙壁、栅栏旁边去。在处于混乱状态的人群中,最明智的自我防御方法是要与自己的恐惧心理做斗争。在这种情况下,要判断出怎样才能不被卷入混乱的人流中去。要冷静地观察,选定自己的避难路线。

在商场、书店、展览厅时,最好是躲在近处的大柱子和大商品旁边(避开商品陈列橱),或者朝没有任何东西的通道奔去,然后屈身蹲下,用手或其他东西护头,等待地震平息。要避开玻璃门窗、玻璃橱窗或柜台;避开高大不稳或摆放重物、易碎品的货架;避开广告牌、吊灯等高耸或悬挂物。

公共场所发生地震时做好心理准备,地震时场馆内首先出现的是断电,场内漆黑一团,若乱喊、乱拥、乱挤、乱踩,必然导致人为大祸。如果所坐的座位离门较远,就不要挤进蜂拥在门口的混乱人堆里去。因为影剧院的观众数以千计,平时散场都需要很长时间,一旦发生混乱,就难以很快散尽。在这样一段拥挤的时间里,既容易被倒塌物砸伤,又容易被混乱的人群挤伤、踩伤。因此,此时不应急于外逃,可先躲在排椅下或舞台脚下,护头避震,待晃动和混乱停止之后再行动。

户外应急措施:

地震时在街道上走,最好将身边的皮包或柔软的物品顶在头上,无物品时也可用手护在头上,尽可能做好自我防御的准备。迅速离开电线杆的围墙,跑向比较开阔的地区躲避,或就地选择开阔地避震蹲下或趴下,以免摔倒。不要乱跑,避开人多的地方。

户外发生地震时不要慌乱,不要拥向出口,要避免拥挤,躲开人流,避免被挤到墙壁或栅栏处。不要随便点明火。手插口袋是极其危险的,双手应随时做好防御的准备。

在室外时要注意做到"三避"。

避开高大建筑物或构筑物:楼房,特别是有玻璃幕墙的建筑,过街桥、立交桥、高烟囱、水塔。

避开危险物、高耸或悬挂物:变压器、电线杆、路灯、广告牌、吊车等。

避开其他危险场所:狭窄的街道;危旧房屋,危墙;女儿墙、高门脸、雨篷下;砖瓦、木料等物的堆放处。

交通工具中应急措施：

地铁内。虽说在地铁的设计和建设中充分考虑到了防震的措施和对策，一般地说地下铁道比地面更为安全，但也不能麻痹大意。因地震带来的停电会使地铁自动停下来。在微暗的紧急照明灯下，应该注意地下铁道中架设的高压线有无损坏。如有损坏是极其危险的，在乘务员和有关人员还没有指示之前，绝对不要跑到车外，当发生意想不到的涌水和浸水时，要脱险是比较困难的。但是，一旦发出防水警报，就应该马上通过车站的防水堤或排水泵来进行防御。

其次，地下铁道的架线断落，受到外来烟雾的侵袭，发生火灾或产生有毒气体时，靠各自的防御技术是起不了什么作用的，只有听从乘务员的正确指挥，妥善处理。在任何情况下，发生大混乱是最危险的，要注意不能被卷入到人流中去，乘地下铁道朝着通道坐着或站着时，在还没有引起混乱的情况下，两脚要朝着行车的方向，双手护住后脑部，屈身用膝盖贴住腹部，将脚尖蹬住椅子或墙壁。若车内一片混乱，就应该立即紧缩身体，在人群中用双手抱住后脑部做好防御姿势。地下铁道有时会发生构筑物破损、车辆碰撞、浸水、火灾等事故，所以说地铁也不是绝对安全的。

火车上的乘客应立即采取防御行动。时速不快的话，用手牢牢抓住拉手、柱子或座位等，并注意防止行李从架上掉落下来。人们朝行进方向坐着时，要将两脚蹬住座椅，身体向前倾，两臂护面，双手抱头并且防止上面物体坠落。背朝行车方向坐着时，两手护住后脑部，抬腿收腹，紧缩身体。也可迅速躺下，滚进座位下拉住钢管，脚蹬座椅或车厢，护住头部。在汽车上时要抓牢扶手，以免摔倒或碰伤，降低重心，躲在座位附近。

四、震后怎样自救

地震后半小时内救出的被压人员存活率可达95%，第一天救活率为81%，第二天救活率为53%，第三天救活率为36.7%，由此可见，及时组织自救、互救是减少伤亡的主要措施。

1. 自救

一旦被震倒建筑物埋压，应克服恐惧心理，坚定生存的信心，根据自身所处条件，尽力清除压在身上的物体，力争及时脱险。如不能自行脱险时，应该采取以下措施自救：

(1)保持镇静，挣脱开手脚，捂住口鼻，防止因倒塌建筑物的灰尘窒息。

(2)清除压在身上的物体，设法支撑可能坠落的重物，创造生存空间。

(3)不要大声呼叫，可用身边的石块等敲击与外界联系，以减少体力消耗。

(4)搜寻饮用水和食品，延续生命，静待救援。

震后,余震还会不断发生,环境还可能进一步恶化,所以要尽量改善自己所处的环境,稳定下来,设法脱险。设法避开身体上方不结实的倒塌物、悬挂物或其他危险物;搬开身边可移动的碎砖瓦等杂物,扩大活动空间。注意,搬不动时千万不要勉强,防止周围杂物进一步倒塌;设法用砖石、木棍等支撑残垣断壁,以防余震时再被埋压;不要随便动用室内设施,包括电源、水源等,也不要使用明火;闻到煤气及有毒异味或灰尘太大时,设法用湿衣物捂住口鼻;不要乱叫,保持体力,用敲击声求救。

地震时如被埋压在废墟下,周围又是一片漆黑,只有极小的空间,一定不要惊慌,要沉着,树立生存的信心,相信会有人来营救,要设法保护自己。在极不利的环境下,首先要保护呼吸畅通,挪开头部、胸部的杂物,闻到煤气、毒气时,用湿衣服等物捂住口、鼻;避开身体上方不结实的倒塌物和其他容易引起掉落的物体;扩大和稳定生存空间,用砖块、木棍等支撑残垣断壁,以防余震发生后,环境进一步恶化。

如果找不到脱离险境的通道,尽量保存体力,用石块敲击能发出声响的物体,向外发出呼救信号。不要哭喊、急躁和盲目行动,否则,会大量消耗精力和体力,尽可能控制自己的情绪或闭目休息,等待救援人员到来。如果受伤,要设法包扎,避免流血过多。

如果被埋在废墟下的时间比较长,救援人员未到,或者没有听到呼救信号,就要想办法维持自己的生命,水和食品一定要节约,尽量寻找食品和饮用水,必要时自己的尿液也能起到解渴作用。

2. 互救

在外援抢救队伍到来之前,要组织家庭,邻里互救。在抢救中要注意以下几点:

(1)注意听被埋人员的呼喊、呻吟、敲击器物的声音。

(2)根据房屋结构,先确定被埋人员位置,再行抢救,防止再次受伤。

(3)先抢救建筑物边缘瓦砾中的和其他容易获救的被埋人员,扩大互救队伍。

(4)外援抢救队伍应当首先抢救医院、学校、旅馆等密集人群。

(5)抢救被埋人员时,不可用利器刨挖,首先应使其头部暴露,迅速清除口鼻内尘土,再行抢救。

(6)对于埋在废墟中时间较长的幸存者,首先应输送饮料和食品,然后边挖边支撑,注意保护幸存者的眼睛。

(7)对于颈椎和腰椎受伤人员,切忌猛拉硬拽,要在暴露其全身后,慢慢移出,用硬木板担架送到医疗点。

(8)一息尚存的危重伤员,应尽可能在现场进行急救,然后迅速送往医疗点或医院。

五、震后救人的方法

震后救人时应根据震后环境和条件的实际情况,采取行之有效的施救方法,目的是将被埋压人员安全地从废墟中救出来。通过了解、搜寻,确定废墟中有人员埋压后,判断其埋压位置,用向废墟中喊话或敲击等方法传递营救信号。营救过程中,要特别注意埋压人员的安全。一是使用的工具(如铁棒、锄头、棍棒等)不要伤及埋压人员;二是不要破坏了埋压人员所处空间周围的支撑条件,引起新的垮塌,使埋压人员再次遇险;三是应尽快疏通埋压人员的封闭空间,使新鲜空气流入,挖扒中如尘土太大应喷水降尘,以免埋压人员窒息;四是埋压时间较长,一时又难以救出,可设法向埋压人员输送饮用水、食品和药品,以维持其生命。

在进行营救行动之前,应听被困人员的呼喊、呻吟、敲击声;据房屋结构,先确定被困人员的位置,再行抢救,以防止意外伤亡;有计划、有步骤,哪里该挖,哪里不该挖,哪里该用锄头,哪里该用棍棒,都要有所考虑;先救建筑物边缘瓦砾中的幸存者,及时抢救那些容易获救的幸存者,以扩大互救队伍。

过去曾发生过救援人员盲目行动,踩塌被埋压人员头上的房盖,造成被埋人员伤亡的事故,因此在营救过程中要有科学的分析和行动,才能收到好的营救效果,盲目行动,往往会给营救对象造成新的伤害。

在救人和护理的时候要注意:

先将被埋压人员的头部,从废墟中暴露出来,清除口鼻内的尘土,以保证其呼吸畅通,对于伤害严重,不能自行离开埋压处的人员,应该设法小心地清除其身上和周围的埋压物,再将被埋压人员抬出废墟,切忌强拉硬拖。

对饥渴、受伤、窒息较严重,埋压时间又较长的人员,救出后要用深色布料蒙上眼睛,避免强光刺激,对伤者,根据受伤轻重,包扎或送医疗点抢救治疗。

六、震后露宿时的注意事项

发生地震后,许多房屋不再安全,或者房屋内无法住人,人们只能选择在外露宿。在露宿时,应该尽量利用身边有限的资源,确保健康。

露宿后的第二天醒来,很多人会有头晕、头痛,或腹痛、腹泻、四肢酸痛、周身不适等状况。这是由于人体在睡眠时,整个机体处于松弛状态,抗病能力下降。夜越深气温越低,人体和外界的温差也就越大,再加上暴风侵袭,就容易引起以上症状。当凉风吹起地面上的尘土,席地而睡的露宿者会不知不觉地将其吸入口腔和肺部。睡眠中人体各器官活动减弱,免疫机能降低,尘土和空气中的细菌、病毒乘虚而入,会引起咽炎、扁桃体炎、气管炎等。

当身体和地面仅隔着薄薄的凉席、塑料布,凉风与地表湿气向上蒸腾的合力,常常会诱发风湿性关节炎、类风湿病等。

凉风吹在熟睡者的头面部,醒来就会感到偏头痛,甚至忽然口角歪斜、流口水、一只眼睛闭不住。这是病毒侵犯了人体,发生了面部神经麻痹。凉风若吹在没有盖被子的肚子上,会引起腹痛、恶心、腹泻,这是因为腹部受凉引起胃肠功能紊乱,肠道内细菌乘机大量繁殖,导致胃肠痉挛、急性肠胃病。

蚊子落在露宿者裸露在外的皮肤上,吮吸血的同时还可能把疟疾、丝虫病、流行性乙型脑炎、乙型肝炎的病原体传给被叮咬者。被夜间活动的昆虫蜇刺,会引起条索状或斑块状的水肿性红斑、丘疹、水疱,灼痛刺痒。此外,被蛇、蝎、蜈蚣叮咬伤害,重者甚至有生命危险。

因此,露宿地点应选择干燥、避风、平坦之处。在山上露宿时,最好选择东南坡,因为那里不仅避风,而且早上能最早见到太阳。如被毒蛇咬伤,应立即用绳带在伤口上方缚扎,阻止毒素扩散,并尽快送医院救治。在紧急情况下,可用肥皂水清洗伤口,用口吮吸毒液(边吸边吐,并用清水漱口)。如有蛇药,可按说明外涂或口服。

七、家庭应对地震的措施

家庭是社会的最基本的单位。为保证地震时和地震后有条不紊地进行家庭救灾,根据每个家庭的情况,可采取以下措施:

1. 学习地震知识,科学掌握自防自救的方法。

2. 每个家庭成员应明确每个人震时的应急任务,以防手忙脚乱。

3. 确定家庭疏散路线和避震地点。

4. 加固室内家具,特别是寝室,更要采取必要的防御措施,应设置避震安全角。

5. 落实防火措施,学习防火、灭火知识。防止火炉倾倒;防止煤气管道、炉灶漏气,妥善保管易燃、易爆物品。

6. 浴盆、水缸、水桶要储水,准备防火和饮用。

7. 准备手电、蜡烛、火柴或应急灯。

8. 准备哨子等能发出声响的器具,以备报警用。

9. 准备压缩饼干、罐头、方便面等食品及饮料。

10. 准备急救箱,掌握简单的医疗救护技能,如止血、包扎、搬运伤员、人工呼吸等。

11. 学会识别地震谣传的方法。

12. 进行家庭防震演习,以发现避震措施的不足。

八、搭盖防震棚舍的注意事项

在接到临震预报,震情紧急,或强烈的地震后,震情并未解除的情况下,要在户外搭盖防震棚舍。那么,搭盖防震棚舍应注意什么问题呢?

1. 防震棚舍的搭建要因地制宜,既能防震,又经济适用。北方寒冷地区可采取半地下式;潮湿多雨的南方,则应选建在相对较高的地方。

2. 棚舍搭建的场地应避开危崖、陡坎、河滩等地,不要建在危楼、烟囱、水塔、高压线等附近,也不要建在阻碍交通的道口及公共场所周围。应注意消防管理,要留好防火道,做到道路通畅。

3. 防震棚舍顶部不要压砖头、石块或其他重物,以免坠落砸伤人。

4. 尽量就地取材,以家庭为单位搭建,邻里之间应互相帮助搭建防震棚舍,既要能夏防风雨冬防寒,又要注意环境卫生,防止疾病蔓延,还要注意管好照明灯火、炉火和电源,以防火灾和煤气中毒。

5. 防震棚舍是地震期间临时生活、工作、学习的地方,要尽可能保证环境的安静,教育好小孩不要嬉戏打闹,以免影响他人休息、工作和学习。

6. 成立临时居民委员会或村民委员会,加强对防震棚舍的管理,统一规划搭建场地,制订防火、防盗、防疫、防余震公约,建好垃圾站和厕所等。

九、地震时家庭的防火安全措施

我国是世界上最大的大陆地震区,地震活动比较频繁。破坏性地震不仅会毁坏家庭住宅,而且会造成一些次生灾害,火灾就是其中之一。目前有的地震能得到预报,有的得不到预报,尤其是不能及时准确地预报地震将要发生的时间、地点、震级和烈度等,使得人们难以早做准备。所以当地震突然发生时,由于人们缺乏思想准备,往往措手不及。由此而造成的家庭电线短路,火炉翻倒,煤气管道断裂,液化气钢瓶、汽(煤)油容器和其他易燃易爆物品遭受撞击等现象,成了导致家庭火灾的主要原因。

此外,发生地震后,因地壳变动大,城市地下自来水管网和消防设施极易被震坏。消防车往往因路面受损,道路阻塞不通,电话线路中断等原因,无法及时开赴火场灭火,而且强烈地震通常会造成多处同时起火,使消防队应接不暇,顾此失彼。由此可见,在发生地震的非常时期,搞好防火工作至关重要,是每个家庭义不容辞的责任。

当政府发布地震预报后,家庭应采取下列防火措施:

1. 切断电源:为防止墙体断裂倒塌造成电线短路引起火灾,要将家中的电源闸刀拉下,切断进户电源。如果家中没有电源闸刀,可用绝缘电剪或老虎钳将屋外进户电源线剪断。

2.断绝气源:使用煤气、天然气或沼气的家庭,要将户外的进气管总截门予以关闭;使用液化石油气的家庭,要将液化石油气钢瓶搬移到户外安全的地方。其目的是为了防止输气管道或液化石油气钢瓶一旦在地震中遭到破坏后,不致易燃气体散发在室内而引起爆炸、燃烧。

3.疏散危险品:有些人家储存有较大数量的汽油、煤油、柴油、酒精、白酒和油漆等易燃液体,以及某些易燃易爆的危险物品如甲烷气瓶、烟花爆竹等。地震前必须把它们全部疏散到户外安全的地方,并加以妥善保管。

4.熄灭明火:家中正在使用的煤炉、煤油炉、蜡烛、煤油灯等一切明火源,都要及时予以熄灭,绝不在屋里留下火灾隐患。在搭建的简易防震棚里使用明火做饭、照明时,一定要和防震棚及其他可燃物质保持一定的安全距离,谨防辐射热引起火灾。

5.立足自救:由于地震期间的形势非常困难,每个家庭应立足于自防自救,事先准备好简便灭火器材和工具,如脸盆、水桶、拖把、扫帚等,万一发生火灾,就可迅速行动起来,把火势扑灭在初期阶段。

第二节　台风

一、台风到来时的注意事项

防汛部门根据台风接近和影响程度,会及时发布不同的预警。若24小时内影响本市,一般会发布蓝色或黄色预警。若12小时内影响本市,会发布橙色预警。若6小时内影响本市,发布的是红色预警。市民必须重视预警,迅速做好准备。清理窗台,将放置在窗外不锈钢框架里或阳台上的花盆、杂物搬进室内,检查雨篷、空调室外机的固定架是否松脱。如果阳台封有铝合金窗或塑钢窗,必须检查窗架是否需要加固。

台风到来时,要尽可能待在屋里,尽量不要外出行走,更不要去台风经过的地区游玩,不能在台风影响期间到海滩游泳或驾船出海,更不能去海边观潮。倘若不得不外出时,应弯腰将身体紧缩成一团,一定要穿上轻便防水的鞋子和颜色鲜艳、紧身合体的衣裤,把衣服扣扣好或用带子扎紧,以减少受风面积,并且要穿好雨衣,戴好雨帽,系紧帽带,或者戴上头盔。行走时,应一步一步地慢慢走稳,顺风时绝对不能跑,否则就会停不下来,甚至有被刮走的危险;要尽可能抓住墙角、栅栏、柱子或其他稳固的固定物行走;在建筑物密集的街道行走时,要特别注意落下物或飞来物,以免砸伤;走到拐弯处,要停下来观察再走,贸然行走很可能被刮起的飞来物击伤;经过狭窄的桥或高处时,最好伏下身爬行,否则极易被刮倒或落水。遇到危险时,及时拨打求助电话(当地政府的防灾电话、110、119 等)求救。

台风中万一不慎被刮入水中,保持镇定是最重要的,落水时尽量抓住身边漂浮的木头、家具等物品;落水前深吸一口气,下沉时咬紧牙关,借助自然的浮力使自己浮上水面;大浪接近时可弯腰潜入水底,用手插在沙层中稳住身体,待大浪过后再露出水面;浪头来到时要挺直身体,同时抬头使下巴前挺,确保嘴露在水面上,保持双臂前伸或往后平放,让身体保持冲浪姿态;浪头过后一面踩水前游,一面观察后一个浪头的动向,然后借助波浪冲力不断蹬腿,尽量浮在浪头上跟随波浪的趋势往前冲,力争向岸边靠近。

野外旅游时,听到气象台发出台风预报后,能离开台风经过地区的要尽早离开,否则应贮足罐头、饼干等食物和饮用水,并购足蜡烛、手电筒等照明用品。由于台风经过岛屿和海岸时破坏力最大,所以要尽可能远离海洋;在海边和河口低洼地区旅游时,应尽可能到远离海岸的宾馆及台风庇护站躲避。

二、台风过后谨防触电

台风过后常可能发生触电事故。在台风过后,青少年不要到电线吹落处玩耍。看到落地电线,无论电线是否扯断,都不要靠近,更不要用湿竹竿、湿木杆去拨动电线。若住宅区内架空电线落地,可先在周围竖起警示标志,再拨打电力热线报修。

许多家庭使用接线板连接微波炉、冰箱、电视机,而接线板往往就放置在地板上。家住底层的市民若在台风过后回到家发现积水,必须先切断电源,再进屋收拾接线板。若发现墙壁、水龙头或其他地方"麻电",要立即报修。

三、台风的防范措施

台风带来的狂风暴雨以及引发的巨浪、风暴潮等灾害,具有很强的破坏力,严重威胁人的生命和财产安全。因此,在台风来临时,一定要提高自我防范意识,避免人身伤害,减少财产损失。

1. 气象台根据台风可能产生的影响,在预报时采用"消息""警报"和"紧急警报"3 种形式向社会发布,同时,按台风可能造成的影响程度,从轻到重向社会发布蓝、黄、橙、红四色台风预警信号。公众应密切关注媒体有关台风的报道,及时采取预防措施。

2. 强风有可能吹倒建筑物、高空设施,造成人员伤亡。居住在各类危旧住房、厂房、工棚的群众,在台风来临前,要及时转移到安全地带,不要在临时建筑(如围墙等)、广告牌、铁塔等附近避风避雨。车辆尽量避免在强风影响区域行驶。

3. 强风会吹落高空物品,要及时搬移屋顶、窗口、阳台处的花盆、悬吊物等;在台风来临前,最好不要出门,以防被砸、被压、触电等不测;检查门窗、室外空调、太阳能热水器的安全,并及时进行加固。

4. 准备手电、食物及饮用水,检查电路,注意炉火、煤气,防范火灾。

5. 在做好以上防风工作的同时,要做好防暴雨工作。

6. 台风来临前,应准备好收音机及常用药品等,以备急需。

7. 关好门窗,检查门窗是否坚固;取下悬挂的东西;检查电路、炉火、煤气等设施是否安全。

8. 将养在室外的动植物及其他物品移至室内,特别是要将楼顶的杂物搬进来;室外易被吹动的东西要加固。

9. 不要去台风经过的地区旅游,更不要在台风影响期间到海滩游泳或驾船出海。

10. 住在低洼地区和危房中的人员要及时转移到安全住所。

11. 及时清理排水管道,保持排水畅通。

12. 有关部门要做好户外广告牌的加固;建筑工地要做好临时用房的加固,并整理、堆放好建筑器材和工具;园林部门要加固城区的行道树。

13. 遇到危险时,请拨打当地政府的防灾电话求救。

14. 要及时回港、固锚,船上的人员必须上岸避风。

第三节　洪涝水灾

一、洪涝的概述

洪涝灾害具有双重属性,既有自然属性,又有社会经济经济属性。它的形成必须具备两方面条件:第一,自然条件。洪水是形成洪水灾害的直接原因。只有当洪水自然变异强度达到一定标准,才可能出现灾害。主要影响因素有地理位置、气候条件和地形地势。第二,社会经济条件。只有当洪水发生在有人类活动的地方才能成灾。受洪水威胁最大的地区往往是江河中下游地区,而中下游地区因其水源丰富、土地平坦又常常是经济发达地区。

洪涝灾害可分为洪水、涝害、湿害。

洪水:大雨、暴雨引起山洪暴发、河水泛滥,淹没农田、毁坏农业设施等。

涝害:雨水过多或过于集中或返浆水过多造成农田积水成灾。

湿害:洪水、涝害过后排水不良,使土壤水分长期处于饱和状态,作物根系缺氧而成灾。

洪涝灾害主要发生在长江、黄河、淮河、海河的中下游地区,四季都可能发生。春涝主要发生在华南、长江中下游、沿海地区。夏涝主要发生在长江流域、东南沿海、黄淮平原。秋涝多为台风雨造成,主要发生在东南沿海和华南地区。

洪涝可分为河流洪水、湖泊洪水和风暴洪水等。其中河流洪水依照成因不同,又可分为以下几种类型:暴雨洪水、山洪、融雪洪水、冰凌洪水和溃坝洪水。影响最大、最常见的洪涝是河流洪水,尤其是流域内长时间暴雨造成河流水位居高不下而引发堤坝决口,对地区发展损害最大,甚至会造成大量人口死亡。

从洪涝灾害的发生机制来看,洪涝具有明显的季节性、区域性和可重复性。如我国长江中下游地区的洪涝几乎全部都发生在夏季,并且成因也基本上相同,而在黄河流域则有不同的特点。同时,洪涝灾害具有很大的破坏性和普遍性。洪涝灾害不仅对社会有害,甚至能够严重危害相邻流域,造成水系变迁,并且,在不同地区均有可能发生洪涝灾害,包括山区、滨海、河流入海口、河流中下游以及冰川周边地区等。但是,洪涝仍具有可防御性。人类不可能根治洪水灾害,但通过各种努力,可以尽可能地缩小灾害的影响。

二、怎样在水灾中脱险和自救

我国幅员辽阔,几乎每年都有一些地方发生或大或小的水灾。严重的水灾通常发生在河谷、沿海地区及低洼地带。暴雨时节,这些地方的人们就必须格外小心,以防洪水泛滥。收听到水灾的警报或遇到水灾后,应注意以下几点:

1. 听从有关单位的安排与组织,进行必要的防洪准备,或是撤退到相对安全的地方,如防洪大坝上或是当地地势较高的地区。

2. 来不及撤退者,尽量利用一些不怕洪水冲走的材料,如沙袋、石堆等堵住房屋门槛的缝隙,减少水的漫入,或是躲到屋顶避水。房屋不够坚固的,要自制木(竹)筏逃生,或是攀上一棵大树避难。离开房屋前,尽量带上一些食品和衣物。

3. 被水冲走或落入水中者,首先要保持镇定,尽量抓住水中漂流的木板、箱子、衣柜等物。如果离岸较远,周围又没有其他人或船舶,就不要盲目游动,以免体力消耗殆尽。

4.无论何种情形的遇险者,都要设法发出求救信号,如晃动衣服或树枝、大声呼救等。如果遇上大雨天气,在山沟的河谷里的青少年,就一定要尽快爬到高处去,绝不能顺着河往下游走。因为河谷两面的山很陡,山水很快就会流到河谷里来,并形成滚滚的急流,躲不及就会被洪流卷走。

三、洪水暴发时如何防备与自救

在洪水到来之前,要尽量做好相应的准备。

1.根据当地电视、广播等媒体提供的洪水信息,结合自己所处的位置和条件,冷静地选择最佳路线撤离,避免出现"人未走水先到"的被动局面。

2.认清路标,明确撤离的路线和目的地,避免因为惊慌而走错路。

3.自保措施:

(1)备足速食食品或蒸煮够食用几天的食品,准备足够的饮用水和日用品。

(2)扎制木排、竹排,搜集木盆、木材、大件泡沫塑料等适合漂浮的材料,加工成救生装置以备急需。

(3)将不便携带的贵重物品作防水捆扎后埋入地下或放到高处,票款、首饰等小件贵重物品可缝在衣服内随身携带。

(4)保存好尚能使用的通信设备。

在洪水到来时,应该懂得怎样急救:

1.洪水到来时,来不及转移的人员,要就近迅速向山坡、高地、楼房、避洪台等地转移,或者立即爬上屋顶、楼房高层、大树、高墙等高的地方暂避。

2.如洪水继续上涨,暂避的地方已难自保,则要充分利用准备好的救生器材逃生,或者迅速找一些门板、桌椅、木床、大块的泡沫塑料等能漂浮的材料扎成筏逃生。

3.如果已被洪水包围,要设法尽快与当地政府防汛部门取得联系,报告自己的方位和险情,积极寻求救援。青少年此时需要注意的是:千万不要游泳逃生,不可攀爬带电的电线杆、铁塔,也不要爬到泥坯房的屋顶。

4.如已被卷入洪水中,一定要尽可能抓住固定的或能漂浮的东西,寻找机会逃生。

5.发现高压线铁塔倾斜或者电线断头下垂时,一定要迅速远避,防止直接触电或因地面"跨步电压"触电。

6.洪水过后,要做好各项卫生防疫工作,预防疫病的流行。

避难所一般应选择在距家最近、地势较高、交通较为方便处,应有上下水设施,卫生条件较好,与外界可保持良好的通信、交通联系。在城市中大多是高层建筑的平坦楼顶,地势较高或有牢固楼房的学校、医院,以及地势高、条件较好的公园等。

第四节 雷击

一、如何防止雷电的危害

在自然界中,经常会有电闪雷鸣的现象发生。雷电对人类生活的危害是比较大的,掌握正确的避雷方法,可以减少人身伤亡事故的发生。

在雷雨较多的季节或地方居住时,应随时留意电视或电台的天气预报,为了避免遇到雷击,应注意根据天气的变化安排上山计划或其他户外活动。

在野外遇到雷雨天气时,尽量不要在雨中行走,尤其不要骑自行车。雷雨较大时,应将身上所有金属物品(如小刀、雨伞、手表、眼镜、照相机、铁农具等)抛离。身处旷野者,要尽量将身体蹲低;水中游泳或乘坐小船者,应尽快上岸避雨。

雷雨天避雨,不要躲在大树或电线杆下,也不要站在高楼墙边。在以树木高度为半径的周围尽量蹲下比较安全。双脚要尽量靠近,与地面接触越小越好,以减少跨步电压。野外最好的防护场所是洞穴、沟渠、峡谷或高大树丛下面的林间空地。要注意,田野中的小棚或草木垛很容易成为雷击的目标。

雷雨天切勿接触天线、水管、铁丝网、金属门窗、建筑物外墙等带电设备或其他类似金属装置,不要收晒衣绳或铁丝上的衣服。不要从事电话或电线、管道或建筑钢材等的安装工作。切勿处理开口容器承载的易燃物品。不要或减少使用电话或手机。不宜停留在铁栅栏、金属晒衣绳以及铁轨附近。切勿站立于山顶、楼顶上或接近导电性高的物体。不宜进入和靠近无防雷设施的建筑物、车库、车棚、临时棚屋、岗亭等低矮建筑。切勿游泳或从事其他水上运动或活动,不宜停留在游泳池、湖泊、海滨、水田等地和小船上。不宜进行室外球类运动,在空旷场地不宜打伞,不宜把锄头、铁锹、羽毛球拍、钓鱼竿、高尔夫球杆等扛在肩上。

当雷雨发生时,即使人们在室内,如果不注意避雷,也会遭到雷电的袭击。因为雷电有可能从开启着的门、窗、烟道等侵入室内。下雨时,应及时关好门、窗,停止使用接有室外天线的电视机,雷雨密集时其他家用电器也应拔掉插头。人停留在家中房间的正中央最为安全,但应避免停留在电灯的正下面。不要倚在柱或墙壁旁边,不要接触门窗以及一切沿墙的金属器件,以免打雷时发生感电意外。不宜使用无防雷措施或防雷措施不足的电视、音响等电器。不要靠近打开的门窗、金属管道。要拔掉电器插头,关上电器和天然气开关。切忌使用电吹风、电动剃须刀等。不宜使用水龙头。

如果在雷电交加时,头、颈、手处有蚂蚁爬走感,头发竖起,说明将发生雷击,应赶紧趴在地上,并拿去身上佩戴的金属饰品和发卡、项链等,这样可以减少遭雷击的危险。等雷电过后,呼叫别人救护。如果在户外看到高压线遭雷击断裂,此时应提高警惕,因为高压线断点附近存在跨步电压,身处附近的人此时千万不要跑动,而应双脚并拢,跳离现场。在户外躲避雷雨时,应注意不要用手撑地,而应双手抱膝,胸口紧贴膝盖,尽量低下头,因为头部较之身体其他部位最易遭到雷击。

下雨天有人遭到雷击时,要立即进行抢救。已失去意识者,要施行人工呼吸法和胸外心脏按压法,皮肤灼伤者则进行烫伤的处理,灼伤严重者不可涂抹油类、膏类药物,以免把水泡弄破,造成感染。

二、雷击的急救

被闪电击中后,强大的电压使人的心脏停止跳动,因此人的死因是心脏停止跳动,而不是被烧伤。所以如果能在 4 分钟内以心肺复苏法进行抢救,可能还来得及救活,让心脏恢复跳动。

因为人们错误的观念,以为被闪电击中的人体内还有电,而不敢去触摸他,往往导致抢救时间被拖延。如果遇到一群人被闪电击中,那些会发出呻吟的不要紧,先抢救那些已无法发出声息的人。雷电的电压极高,约为 1～10 亿伏特;雷电形成的一瞬间电流可达 20～25 万安培;闪电时产生的大量热量,一般达 30000℃。雷电对人体的危害要比触电严重得多。一旦发现有人被雷击,必须争分夺秒地抢救。

人一旦遭到雷击,轻者可出现惊恐、头晕、头疼、面色苍白、四肢颤抖、全身无力等,部分伤者会有中枢神经后遗症,如视力障碍、耳聋、耳鸣、多汗、精神不宁、四肢松弛性瘫痪等。严重的可出现抽搐、休克、昏迷,甚至呼吸、心跳停止。有些还因瞬间被击倒地或者在高处被击中跌落而引起脑震荡,头、胸、腹部外伤或四肢骨折。

出现雷电伤人事件后,在打 120 求助的同时,对于轻伤者,应立即转移到附近避雨避雷处休息;对于重伤者,要立即就地进行抢救,迅速使伤者仰卧,并不断地做人工呼吸和心肺复苏术,直至呼吸、心跳恢复正常为止。由于雷击伤员往往会出现失去知觉和发生假死现象,这时千万不要以为已停止呼吸和心跳就是无救,在未完全证实患者已经死亡之前,不应停止人工呼吸和心肺复苏术,直到医生赶到现场。对雷电击伤者现场抢救,若能及时、正确、有效,伤者的生命是很有可能被挽救过来的。

第五节　泥石流

一、泥石流的成因

泥石流是指大量的泥沙、石块和水等混合物质沿山坡面或沟谷突然流动的现象。它具有突发性和流动过程的短暂性,可连续性或阵时性的流动,来势凶猛,是具有极大破坏力的一种地质灾害。

泥石流的形成必须同时具备以下3个条件:陡峻的便于集水、集物的地形、地貌;有丰富的松散物质;短时间内有大量的水源。

1. 地貌条件

在地形上山高沟深,地形陡峻,沟床纵度降大,流域形状便于水流汇集。在地貌上,泥石流的地貌一般可分为形成区、流通区和堆积区三部分。上游形成区的地形多为三面环山,一面出口为瓢状或漏斗状,地形比较开阔,周围山高坡陡、山体破碎、植被生长不良,这样的地形有利于水和碎屑物质的集中;中游流通区的地形多为狭窄陡深的峡谷,谷床纵坡降大,使泥石流能迅猛直泻;下游堆积区的地形为开阔平坦的山前平原或河谷阶地,使堆积物有堆积场所。

2. 物质来源条件

泥石流常发生于地质构造复杂、断裂褶皱发育、新构造活动强烈、地震烈度较高的地区。地表岩石破碎,崩塌、错落、滑坡等不良地质现象发育,为泥石流的形成提供了丰富的固体物质来源;岩层结构松散、软弱、易于风化、节理发育,或软硬相间成层的地区,因易受破坏,也能为泥石流提供丰富的碎屑物来源;一些人类工程活动,如滥伐森林造成水土流失,开山采矿、采石弃渣等,往往也为泥石流提供大量的物质来源。

3. 条件

水既是泥石流的重要组成部分,又是泥石流的激发条件和搬运介质(动力来源),泥石流的水源,有暴雨、冰雪融水和水库(池)溃决水体等形式。我国泥石流的水源主要是暴雨、连续降雨等。

二、泥石流的危害

泥石流是一种灾害性的地质现象。泥石流经常突然暴发,来势凶猛,可携带巨大的石块,并以高速前进,具有强大的能量,因而破坏性极大。泥石流所到之处,一切尽被摧毁。

1. 对居民点的危害

泥石流最常见的危害是冲进乡村、城镇,摧毁房屋、工厂、单位及其他场所、设施。淹没人畜,毁坏土地,甚至造成村毁人亡的灾难。

2. 对公路、铁路的危害

泥石流可直接埋没车站、铁路、公路,摧毁路基、桥涵等设施,致使交通中断,还可引起正在运行的火车、汽车颠覆,造成重大的人身伤亡事故。有时泥石流汇入河流,引起河道大幅度变迁,间接毁坏公路、铁路及其他构筑物,甚至迫使道路改线,造成巨大经济损失。

3. 对水利、水电工程的危害

主要是冲毁水电站、引水渠道及过沟建筑物,淤埋水电站尾水渠,并淤积水库、磨蚀坝面等。

4. 对矿山的危害

主要是摧毁矿山及其设施,淤埋矿山坑道,伤害矿山人员,造成停工停产,甚至使矿山报废。

三、遇到泥石流如何避险

在遇到泥石流的时候可以采用下面的方法避险:

1. 在沟谷内逗留或活动时,一旦遭遇大雨、暴雨,要迅速转移到安全的高地,不要在低洼的谷底或陡峻的山坡下躲避、停留。

2. 留心周围环境,特别警惕远处传来的土石崩落、洪水咆哮等异常声响,这很可能是即将发生泥石流的征兆。

3. 发现泥石流袭来时,要马上向沟岸两侧高处跑,千万不要顺沟方向往上游或下游跑。

4. 暴雨停止后,不要急于返回沟内住地,应等待一段时间。野外扎营时,要选择平整的高地作为营址,尽量避开有滚石和大量堆积物的山坡下或山谷、沟底。

第四章 自然灾害后的心理救助措施

第一节 什么是心理救援

重大的自然灾害和人为灾害危害巨大,给人们的心理造成不同程度的伤害。灾难中当事人在遭受人员和财产重大损失时,更会加剧心理伤害的程度,灾害中的受害者,尤其是未成年人会长时间不能从失去亲人、家园被毁、灾难的巨大冲击中恢复,心理上承受着巨大的折磨,灾难带来的情绪如果不能及时处理,人的社会功能就会受到损害,恶劣的情绪还会向周围传播,出现诸多的社会问题,因此灾难后的心理救援就显得十分重要和必要。

100多年前,德国的精神科医生提出了"创伤后应激障碍"(PTSD)的概念。创伤后应激障碍,指对创伤等严重应激因素的一种异常精神反应。是指突发性、威胁性或灾难性生活事件导致个体延迟出现和长期持续存在的精神障碍,又称延迟性心因性反应。以前PTSD主要发生于男性身上,主要是经历战争的士兵,所以称此为"炮壳震惊"。而研究发现女性的发病概率是男性的6倍。相关资料显示,美国有5%～6%的男性和10%～14%的女性在其一生的某一阶段患过创伤后应激障碍。引起创伤后应激障碍的事件包括遭遇到危及生命的事故和灾难,以及在刑事案件中遭受伤害的当事人,目击暴力伤害或他人非自然死亡的人,亲身经历自己所爱之人在可怕事件中受害或遇难的人,包括救灾人员。

心理救援适用于经历了灾难和恐怖事件、暴力事件等的所有在事件中遭受心理伤害的当事人,包括未成年人及其监护人,以及灾难后的救援人员。

自然灾害会引起压力、焦虑、压抑以及其他情绪和知觉问题。影响的时间以及为什么有些人不能尽快适应仍然是未知数。在洪水、龙卷风、飓风以及其他自然灾害过后,受害者表现出恶念、焦虑、压抑和其他情绪问题,这些问题可以持续一年。

一种极度的灾难的持续效果,称为创伤后应激障碍,即经历了创伤以后,持续的、不必要的、无法控制的无关事件的念头,强烈的避免提及事件的愿望,睡眠障碍,社会退缩以及强烈警觉的焦虑障碍。

灾难对个体产生的心理影响大致可分为四个方面:

1. 生理方面:失眠、做噩梦、易醒、容易疲倦、呼吸困难、窒息感、发抖、容易出汗、消化不良、口干等;

2. 认知方面:否认、自责、罪恶感、自怜、不幸感、无能为力感、敌意、不信任他人等;

3. 情绪方面:悲观、愤怒、紧张、失落、麻木、害怕、恐惧、焦虑、沮丧等;

4. 行为方面:注意力不集中、逃避、打架、骂人、喜欢独处、常想起受灾情形、过度依赖他人等。

第二节　受灾者常见的灾后反应

灾后心理反应分为急性心理应激反应和创伤后延迟性应激反应。

急性心理应激反应出现在灾后一周至一月内。病人表现出意识改变,对时间、空间感知歪曲,对环境定性不清楚。与地震有关的声音、气味、图像,甚至是身体触碰,都会让创伤的情景反复在病人脑海里闪现,一闭上眼就会看到最恐惧最悲伤的画面。

创伤后延迟性应激反应一般出现在 6 个月后,患者易疲倦、发抖或抽筋,晚上容易失眠、做噩梦,从而导致精神疲乏,注意力下降。陷入对于地震的悲痛回忆,患者警觉性增高,由此患上慢性恐惧和焦虑,继而冷漠、消极,生活在痛苦的记忆中。

患者还会产生愤怒感,觉得上天怎么可以对自己这么不公平;救灾的动作怎么那么慢;别人根本不知道自己的需要,不理解自己的痛苦。内疚,恨自己没有能力救出家人,希望死的人是自己而不是亲人;因为比别人幸运而感觉罪恶,感到自己做错了什么,或者没有做应该做的事情来避免亲人的死亡。很多患者因此会用酗酒、滥用药物来麻醉自己,社交能力逐步削弱,增加精神疾病易感性。

一、受灾者常见的情绪反应

1. 我感到恐惧和担心……

我很担心地震会再次发生。

我害怕亲人会受到伤害，如果只剩下我自己一个人怎么办？

我觉得自己要崩溃了，我无法控制自己。

我无法应对所发生的一切。

2. 我觉得自己茫然无助……

在灾难面前，人是多么脆弱，简直不堪一击。

将来该怎么办，以后的日子还怎么过啊？

这就是世界末日吧，我什么都没有了。

人太渺小了，面对灾难根本无能为力。

3. 我感到悲伤……

听到亲人、朋友或其他人伤亡的消息，我非常难过，非常伤心。

我无法忍住不哭。

有时候，我甚至都麻木了，外面发生了什么都已经不再重要，我不想知道。

4. 我非常内疚……

我帮不了别人……我明明应该帮得上的，却最终什么忙也没有帮上。

我比别人幸运，我活下来了。可是我高兴不起来，我觉得我做错了什么，我不应该比别人幸运。

我恨自己，恨自己没有能力救出家人。我希望死的人是自己，而不是亲人。

我还没有好好照顾他们，好好爱他们，他们就走了。

5. 我很生气……

上天怎么对我这么不公平，为什么这些事情会发生在我和我的家人身上？

救灾人员的动作怎么那么慢，他们快一点就不会这样了。

别人根本不知道我的需要，不了解我的痛苦。

科技这么发达了，为什么还不能预报地震？

6. 我会不自觉地就回忆起过去几天发生的事情……

我总是不断地想起死去的亲人，心里觉得空空的，无法思考别的事情。

那些画面在我脑海中反复出现，一闭上眼就会看到那些让我恐惧和悲伤的画面。

我总是不停地想，失散的亲人、朋友会不会正在遭受痛苦和创伤。

7. 我对生活、对自己感到失望，我思念我的家人和朋友……

我在不断地期待奇迹的出现，可现实却让我一次次地失望。

好像没有人在身边了,感觉再也没有爱和关怀了。

别人根本不知道我的需要,我无法信任他人,无法与人亲密接触,我觉得自己被拒绝,被抛弃。

想起离去的亲人,那种感觉就像针扎在心里一般。

我希望可以早日重建家园。

8. 我的内心变得敏感了……

听到与地震有关的声音或者看到相似的画面,我会觉得不舒服,感觉地震要再次发生。

不知道为什么,我总是觉得很着急,可是我也不知道自己到底在着急什么。

我常常睡不着,做噩梦,甚至会从噩梦中惊醒。

二、受灾者常见的身体反应

疲倦

发抖或抽筋

失眠

呼吸困难

做噩梦

喉咙及胸部感觉梗塞

心神不宁

恶心

记忆力减退

肌肉疼痛(包括头、颈、背痛)

注意力不集中

子宫痉挛

晕眩、头昏眼花

月经失调

心跳突然加快

反胃、拉肚子

三、灾难中的情绪及心理因素

1. 灾害的因素可能影响情绪恢复过程:

家庭是否离散? 如果能够以家庭为单位进行疏散,人们对家庭成员行踪和状况的担忧就不会过于强烈。

有哪些可利用的外界帮助?

是否有合适的领导人进行决策和发出指示？如果是的话,沮丧和混乱程度会大大降低。

与家庭成员和朋友之间的沟通渠道是否畅通,以减少谣言的泛滥?

疏散计划是否有组织,并且考虑了人民以及安全?

2. 灾害本身就是一场危机,但是如果伴随着以下情况的发生,灾难和危机程度会增加:

死亡

受伤

家庭问题

就业或经济困难以及二者相加的困难

疾病

个人财物的损失

3. 处理危机的要素,无论是对自己,或对家庭和朋友们:

关键是要谈谈自己的经历、表达对自己这些经历的感受。

要充分认识到已经发生的现实。

恢复具体的活动,并能够重建灾前的日常生活秩序。

4. 对于灾难之前进行准备以及相关心理事实需要记住的一个关键点是:准备越充分,应对措施就会越有效。

第三节　稳定生还者的情绪

人在突然遇到地震等灾害事件时,灾害事件结束之后,正常的应激反应包括:

情绪上:恐惧担心(害怕地震再次来临,或者有其他不幸的事降临在自己或家人身上)、迷茫无助(不知道将来该怎么办,觉得世界末日即将到来)、悲伤(为亲人或其他人的死伤感到悲痛难过)、内疚(感到自己做错了什么,因为自己比别人幸运而感到罪恶)、愤怒(觉得上天不公平,觉得自己不被理解,不被照顾)、失望和思念(不断地期待奇迹出现,却一次次地失望),等等。

行为上:脑海里重复地闪现灾难发生时的画面、声音、气味;反复想到逝去的亲人,心里觉得很空虚,无法想别的事;失眠,噩梦,易惊醒;没有安全感,对任何一点风吹草动都"神经过敏",等等。

需要再次强调,以上这些反应都是正常的。

大部分反应随着时间的推移,都会渐渐减弱,一般在一个月以后,我们就可以重新回到正常的生活。像哀伤、思念这样的情绪可能会持续得更久,伴随我们几个月甚至几年,但不会对生活造成太多影响。我们要学会带着我们的哀伤继续生活。

对于灾难中的幸存者、死难者家属以及救援人员,当面对和处理自己的这些心理反应时,如何处理是不合适的?

不合适的处理包括:

1. "我得想办法,让自己别再这样下去。"——过于担心。因为自己有了某些心理反应(比如失眠、噩梦、强烈的惊恐和悲伤)而误将其当作"病态",从而刻意地去试图压抑,反而对自己没有好处;

2. "我没事,我挺好的。"——隐藏感觉。更好的做法是试着把情绪讲出来,让周围的人一同分担;

3. "别哭了,我们不要难过了。"——阻止亲友的情感表达。事实上,引导他们说出自己的痛苦,是帮助他们减轻痛苦的重要途径之一;

4. "怎样才能把这件事忘掉?"——试图遗忘。其实伤痛的停留是正常的,更好的方式是与我们的朋友和家人一同去分担痛苦。

一、摆脱灾难后的惊恐反应

灾难之后,出现恐惧、担心、失眠等心理反应是正常的。个别人由于逃生过程和救助别人的过程消耗了大量的体力,造成精神的崩溃。有的人会凭空听见有人叫自己的名字、与自己说话或者命令自己做事,比如把衣服脱掉,把东西给人等等;还有的人凭空怀疑周围的人是坏人,要抢劫或谋害自己,因此感到十分害怕恐惧;还有的人感觉周围变得不清晰,不真实,如在梦中,走到危险的地方也没有察觉。还可能出现幻觉,"看到"去世的亲人、"听到"不在身边的亲人的呼唤。他们经常夜不能寐、食不甘味、噩梦频频,灾难场景不断在脑海萦绕而挥之不去,听到灾难相关的消息即悲痛不已或恐惧不安。这些急性应激反应一般在灾难发生后48～72小时后逐渐减轻,多数在30天内明显缓解。出现这些情况,首先应当尽可能保证睡眠与休息,如果睡不好可以做一些放松和锻炼的活动;其次应当保证基本饮食,食物和营养是我们战胜疾病创伤,康复的保证;另外,与家人和朋友聚在一起,有任何的需要,一定要向亲友及相关人员表达。

但是少部分人在遭遇灾难后的心理反应则会延续数月、数年,而表现为"创伤后应激障碍"。灾后尽管时过境迁,他们仍睹物思人、触景生情,灾难片段在脑海中、梦中反复闪现,甚至不愿在原来的环境中生活,不愿和人交往,表现的过于警觉等。若有上述情况发生,则需要寻求心理专业工作人员的帮助。

二、震后自我情绪的调整

避免、减少或调整压力源:比如少接触道听途说或刺激的信息。

降低紧张度:和有耐心、安全的亲友谈话,或找心理专业人员协助。

太过紧张、担心或失眠时,可在医生建议下用抗焦虑剂或助眠药来协助,这只是暂时使用,但可有较快安定的效果。

做紧急处理的预备:逃生袋、电池、饮水、逃生路线等,多点准备可让自己多一份安心。

近期少安排些事务给自己,一次处理一件事情。

不要孤立自己。要多和朋友、亲戚、邻居、同事或心理辅导团体的成员保持联系,和他们谈谈感受。

规律运动,规律饮食(尤其青菜、水果),规律作息,照顾好身体。注意这段时间免疫力容易变差,小心感冒。

学习放松技巧,如听音乐、打坐、瑜伽、太极拳或肌肉放松技巧(可请心理专业人员教导)

我们也许会担心余震,会担心救援不够完备……有这么多的担心,是因为不知道下一刻会发生什么。如果知道了,至少可以有所准备。所以,在可能的情况下,我们有必要了解灾情的进展和救援情况,帮助自己得到最新、最准确的信息,确保按照指示保证自己的人身安全,得到必需的救助。

我们可能会听到一些不好的消息,这些消息可能不是官方发布的。可能告诉我们的人也是听别人说的,但是一般人会习惯把不好的、不确切的消息夸大,所以本来可能没什么大不了的事情,经过几个人的传递之后,这个消息就会被添油加醋变了形,甚至变得很可怕。所以,在有条件的情况下,可以看一些报纸,收听一些广播,要从政府、救援人员以及公安人员等那里了解救助的最新动态与信息,避免传言给自己带来更多不安,影响判断能力,造成次级伤害,形成连带损失。比如到处打听信息会造成头脑混乱,不能判断真伪,反而影响自身健康。

要相信,虽然我们没有办法准确地知道接下来会发生什么,但是所有人都在关心着我们,所有人都在努力帮助我们,一定要相信这些人的力量。

三、帮助孩子摆脱恐惧五步骤

儿童经过强烈地震或灾难之后,心灵上会留下恐惧,大人也不例外,而且,大人会在不经意中,表现出不安、沮丧和不当情绪,更增强了孩子的创伤和惧怕。因此,儿童地震后的心理辅导应把握时机,刻不容缓。

1. 澄清恐惧情结

如果一味想逃避或隐讳不说,就不能浮出意识表层,把它看清楚,那会使孩子更害怕。

强烈的惧怕总是掺杂着消极和不安的臆测。如果能在大地震之后,带领儿童发现惧怕,认清现实,就能使理性发挥功能,而不会陷入无谓的焦虑,或情绪异常的后遗症。

2. 和孩子讲述地震

(1)用平静的口气,简单介绍这次大地震的状况,造成的损害和伤亡。并举一个温馨、机智、救人的故事当对比。

(2)引发儿童说出心中的惧怕,例如"宝贝!你在大地震时看到、听到、感受到什么? 最害怕的是什么?"大人可以简短说一下自己惊慌失措、害怕的情形和余悸,引导孩子一起说出来害怕什么。

(3)和孩子讨论他的害怕是否合理,是否符合现实,对于合理惧怕事项,应讨论如何克服它,如何预防它。

(4)带领孩子做一个行动方案:如何做好预防措施,或帮助家人重建家园的要点。

这样的讲述和澄清,可以引导孩子缓解惧怕的心结,它的要领是从发觉到宣泄;从讨论惧怕事件中认清哪些值得担心,哪些不值得;启发解决问题的思考,采取预防和安全措施,从而把惧怕转移到理性的积极行动上。

类似的过程,也可用在讨论"如何赈灾""如何帮助受灾家庭的儿童"。从引发酝酿气氛,到热心地讨论,找出方法和实践行动,能激发儿童的爱心和生命的活力,让心理健康发展。

3. 嘲笑自己的惧怕

心理学家告诉我们,受到强烈惧怕压力时,可以透过嘲笑自己的害怕来解开心结,例如"啊!我怕得两脚发软,笑了起来,连胆子也被震碎了!"然后哈哈大笑,"当时我怕得魂不守舍,差点把尿都急出来了!"然后哈哈大笑。成人带领儿童自嘲情绪,比比看谁自嘲得最有趣。大家轮流对自己担忧的事自嘲,有助于孩子澄清惧怕。做这个行动前,要先说明:"每一个人都会惧怕,怕是自然的事,正因为有怕,我们才会预防危险,会去思考解决问题。我们把心中的怕说出来,对于不合理的部分,由本人加以嘲笑,可以带来更理性的态度和更健康的心理。不过,我们绝不嘲笑别人的惧怕。"最后,做个结论,说明自嘲是无伤大雅的事,而且有助于情绪纾解和压力的清除。但要特别强调:

(1)不可互相嘲笑,只可以自我嘲笑。

(2)维持不伤害自尊的气氛,让自己不合理的惧怕情绪得到宣泄。

（3）结论时，要说明惧怕的非合理性和自我嘲笑的价值。

4.生命的关怀

让他们表露情感，透过写信和口头的祷词，让孩子们纾解情绪。让孩子给遇难者祈祷或写一封给亡者的信，诚心地祝福罹难者，并说自己会珍重自爱，创造光明的人生。怀念往事的美好，并说出往事已成过去，自己会更努力向上，做个好孩子，并珍惜生命。

与受灾的孩子谈话时要注意：

（1）适时自然的情境，给孩子信心和安全感。

（2）聆听、接纳、同情、支持、了解孩子的困境。

（3）引导孩子找出克服困难的方法，完成行动计划。

5.防震教育

地震随时可能来袭，如果大地震受创的孩子，压力未得到纾解，在防震演练时，会造成严重情绪反应。防震教育的实施，应属于父母及家庭。父母在地震时惊慌抱着孩子，张皇失措的表情，会给孩子带来更大的惧怕。父母在地震时要控制情绪，这与如何防震一样重要。

四、寻求专业心理救助

人们在严重灾难之后，通常都会出现一系列的诸如恐惧、悲伤、愤怒等正常的心理应激反应。但若体验到强烈的害怕、失助，或恐惧，或者同时具有如下表现，严重影响了工作与生活，则可能需要寻求心理卫生专业工作人员的帮助：

1.彻底麻木、没有情感反应、经常发呆、对现实有强烈的不真实感、对创伤事件部分或全部失去记忆；

2.脑海中或者梦中持续出现灾难现场的画面，并且感到非常痛苦；

3.回避与灾难有关的话题、场所、活动，对生活造成了严重影响；

4.经常出现难以入睡、注意力不集中、警觉过高以及过分的惊吓反应。

此外，若上述反应并不强烈，但持续时间长，也应当注意寻求专业人员的帮助。除了上述情况之外，有些人可能还会表现出其他心理问题，包括酗酒、性格改变等，这些情况均应寻求心理卫生专业人员的帮助。

五、何时需要寻求专业协助

对大多数人来说，在亲人过世后所出现的悲痛情绪都是正常的，而且，对于大部分悲痛者来说，如果能够在家人和亲友的陪伴下，随着时间的流逝而逐渐地走过忧伤，那么这样的过程通常并不需要去寻求精神科医生或心理医生的协助。

但是,当悲痛者因为过度的悲伤、绝望而出现自杀意念时,或是由正常的悲痛情绪演变成忧郁症时,往往就需要去寻求专业人员的协助了。

那么,在哪些情况下我们应该主动去寻求精神科医生或是心理医生的协助?

因为过度悲伤出现强烈的自杀意念时;

由一般的悲痛演变成忧郁症时;

持续地否认亲人死亡的事实时;

延迟的悲痛过程;

无法从悲痛过程中摆脱出来。

在这些情况下,可能会出现以下的一些身心反应或状况:

发现自己在很长一段时间内心情都很乱,感觉有很多的压力,并且觉得很空虚,觉得自己快撑不下去了。

在事情发生一个月之后,还是一直感觉麻木、迟钝,并且要不断地保持忙碌,目的是让自己不去胡思乱想。

不断地回想起地震的事情,睡觉时会因做噩梦而惊醒,或是有很多身体上的不舒服。

没有人可以一起讨论自己的感受,但又觉得自己有这个需要。

工作或人际关系变糟了,感觉很不舒服。

又发生了其他的意外。

从灾难发生之后,抽烟、喝酒或吃药的量都变得过量。

当以上情况出现时,请一定去主动寻求当地的精神科医生或心理医生协助,这样可以及早地发现并解决问题。

第四节　灾后自我心理调整

一、心理自助方法

不是所有的人都能及时获得心理咨询师或治疗师的救助,在此情况下,可以学习的一些心理自助方法是什么呢?

在灾难发生后,尽快恢复日常的生活状态是最重要的。以下就是一些简便的方法:

1. 保证睡眠与休息,如果睡不好可以做一些放松和锻炼的活动;

2. 保证基本饮食,食物和营养是战胜疾病创伤,康复的保证;

3. 与家人和朋友聚在一起,有任何的需要,一定要向亲友及相关人员表达;

4. 不要隐藏感觉,试着把情绪说出来,并且让家人和朋友一同分担悲痛;

5. 不要因为不好意思或忌讳,而逃避和别人谈论自己的痛苦,要让别人有机会了解自己;

6. 不要阻止亲友对伤痛的诉说,让他们说出自己的痛苦,是帮助他们减轻痛苦的重要途径之一;

7. 不要勉强自己和他人去遗忘痛苦,伤痛会停留一段时间,这是正常的现象,更好的方式是与我们的朋友和家人一起去分担痛苦。

二、用什么方法来平复心情

说出自己的感觉之外,可以想象平时当自己感觉很伤心或者害怕的时候,采用的是什么方法。可以大哭,可以和周围的人握手或拥抱,来表达自己的感情。

当感觉情绪变得非常激动的时候,尝试慢慢地深呼吸,慢慢让自己平静下来。

去关心身边失去亲人的朋友,和他们交流感受,传达对他们的关心。

但需要记住的是:不要勉强自己去忘掉它,伤痛的感觉会持续一段时间,这是正常的现象;一定要好好睡觉、休息,和身边的人聚在一起;如果有任何的需要,请向身边的人说;不要因为不好意思或忌讳而不谈论这次经历。

在伤害与伤痛过去后,尽量让生活作息恢复正常,任何能让自己行动起来的、转移过多聚焦在伤痛上面的注意力的事情都值得去尝试。比如在小的范围内走动,与其他人交流。

另外,提醒自己在做事情的时候一定要小心,在重大灾难的压力过后,人的情绪一时难以恢复到以前的状态,因此在一段时间内可能会出现注意力不集中的现象。

三、如何面对自责的情绪

面对亲人的死难,除了伤心与悲痛,多数人还会伴随着一定的愤怒与内疚的感觉。例如,会想:"为什么别人的房子不会塌,偏偏我们的房子在一瞬间化为乌有? 为什么这些事情会发生在我们身上?"

或者面对自己的妻子或孩子遇难时会痛哭:"我明明就听到她的声音,可是就是没有办法拉她出来,为什么我没办法救她?"

没有任何人可以预测灾难发生的时间与强度,也没有人可以事先准备好应对这种没有预期的灾难。可以想象如果亲人现在就在身边,自己会说什么。说出所有想说的,然后告诉自己:"这并不是我的责任。"或者去听听别人如何看待这件事情,听听不同的声音和解释,可以逐渐减少自责的感觉。

另外,有些人觉得很内疚的情绪可能会跟随自己比较长的时间,不要害怕这种情绪,不要回避这种情绪。当觉得内疚的时候,告诉自己:"我常常觉得内疚,但是没有关系,会过去的,而且我做了我所能做的一切。"

四、如何承受失去亲人的痛苦

丧失亲人之后,通常都会经历如下4个心理反应过程:

1. 休克期:可能会出现情感麻木,否认丧失亲人的事实;

2. 埋怨:有些人会自责,后悔自己没有救出亲人,有些人会愤怒,对灾难造成的亲人丧失感到非常生气;

3. 抑郁期:有些人会出现情绪低落,不愿意见人,特别是丧失了孩子的家长特别不愿意看到与自己孩子同龄的儿童;有些人什么都不想干,对什么都没有兴趣,夜间噩梦,失眠等;

4. 恢复期:不再做噩梦,开始适应新生活。

在居丧过程中,可有以下一些心理自助方法:

1. 对于丧亲者而言,出现以上的心理反应是正常的。若如上反应持续时间超过半年或者过于强烈,则应寻求专业人员的帮助;

2. 应当尝试表达哀伤、自责、愤怒等情绪。哭泣、向他人倾诉、写日记等方式都有利于情感的表达;

3. 可以寻求家人和朋友的帮助和支持,向他们表达自己的需要,让大家一同分担悲痛。